HONDA

ホンダ レブル250 カスタム＆メンテナンス

Rebel 250

CUSTOM & MAINTENANCE

STUDIO TAC CREATIVE

CONTENTS 目　次

HONDA
Rebel250
CUSTOM & MAINTENANCE

表紙撮影＝柴田雅人

Rebel 250

シングルパルスに乗って走れ

バイクは馬にも例えられる。レブルが放つ単気筒のパルスは、心臓の鼓動にも似て、確かな意志と息吹を感じさせる。そんな鉄馬に跨り、走り続けた先には何が待つのだろうか。

協力＝ ホンダモーターサイクルジャパン / SHOEI https://www.shoei.com
写真＝柴田雅人　*Photographed by Masato Shibata*

走り始めるとすぐに
レブルの世界が広がっていく

バイクに合わせて手に入れた、SHOEIのマットブラックのヘルメットを被り、レブル250に跨る。

低いシートは、それを跨ぐ足の軌道をも低く許容し、臀部がそこに収まるまで緊張を強いることがない。「ちょうどいい」。初めて触れたときからその印象は変わらないが、それでも日常の世界からしっかりと旅立たせてくれる。

左手をタンクの下に伸ばしイグニッションキーをONにする。レブルらしい儀式を終え、スターターボタンを押して愛馬の心臓に血を通わせる。

足と手を前に伸ばしライディングポジションをとれば、レブルならではの走りの世界が幕を開ける。クラッチを繋ぐと何の難しさもなく走り出す優しさは、シングルエンジンならではのものでレブルのイメージそのものだろう。だがそこからアクセルを開けた時の爽快な吹け上がりとパワフルさは、乗った者だけが知り得るもの。エンジンのパルスを感じながらペースを上げて走っていく。

Rebel 250
シングルパルスに乗って走れ！

Rebel 250
シングルパルスに乗って走れ！

クールなスタイルに優しさを内包する

　ペースが上がろうと下がろうと、レブルはライダーを楽しませ、意のままに走ってくれる。共に過ごすほどに魅了され、シングルパルスを身に感じながらどこまでも走って行きたくなる。

　このバイクはとことん優しく、どんな要求にも応えられる懐の深さがある。今は近くを走るばかりだけれど、泊りがけのツーリングはすぐ手に届くところにある夢で、それが実現した時もレブルは悠々と受け止めてくれるだろう。

　4つ目のライトを光らせ夜の道を進めば、余計なものが目線から消えライディングの世界に没入していく。心を揺さぶる力強いパルスと、いつまでも共に走り続けていける。

アイデンティティたる
太いタイヤが生み出す重厚感

Rebel 250

レブル250 モデル紹介

2017年の登場から高い人気を得ているレブル250。ここでは現行モデルにあたる2022年モデルをベースに、その細部を豊富な写真と共に紹介することで、その人気の秘密の一端を解き明かしていくことにしたい。

写真＝Honda／佐久間則夫　*Photographed by Honda／Norio Sakuma*

Rebel250

ファットなフロントタイヤが生む
独特な存在感

ロー&ロングのスタイルが際立つ
サイドビュー

Rebel 250

Rebel 250

低くセットされたシートが
スタイルと扱い易さを作り出す

クルーザーらしいスリムさも共存する

Rebel 250

クールなスタイルと扱い易さを両立させた

ライダーの琴線に触れ、刺激するクールなスタイリングといつでも気軽に楽しめるサイズ感で「ちょうどいいモーターサイクル」を目指して開発されたレブル250は、2017年4月17日に販売された。「SIMPLE」「RAW（未加工の素材）」というデザインコンセプトを元に生み出された車体は、異なるエンジンの250、300、500の3兄弟車で共通。その250のエンジンはCBR250Rをベースに低回転域でのトルクをアップした専用セッティングとされた。2020年には前後ライトやウインカーのLED化、クラッチや前後サスペンションの変更といった、細部におよぶ進化を果たし、現在に至っている。

1. 低めにセットされ、やや前傾した上体ポジションを生み出すハンドルバーは、クルーザーモデルでは定番といえる直径25.4mm＝インチバーを採用　2. ハンドルクランプの間に設置され、スッキリとしたハンドル周りの雰囲気作りに貢献している小径メーター。2019年モデルまでは速度等が表示される部分が横長の長方形だったが、2020年のモデルチェンジで上がメーターの縁に沿った半円形に進化。また既存表示内容の配置変更、ウインカーインジケーターの左右独立点滅化やギアポジションインジケーターの追加などもあり、中身は別物になった。メーター本体側面にはSEL、SETの2つのボタンがあり、SELボタンを押すことでオドメーター、トリップメーター（A/B）、平均燃費（A/B）、瞬間燃費、リザーブ燃料消費量（リザーブ燃料モード時のみ）の表示切換ができる　3. 右ハンドルスイッチボックスには上からエンジンストップ、ハザード、スタータースイッチが装備される　4. 対する左スイッチボックスは、同じく上からヘッドライト上下切換スイッチ／パッシングライトスイッチ、ホーンスイッチ、プッシュキャンセル式のウインカースイッチが設けられている　5. ボアφ76.0mm、ストローク55.0mmの単気筒DOHC4バルブエンジンはCBR250Rがベース。専用セッティングで低速の力強さを増しているが、もともとはスポーツエンジンであるだけに、高回転までスムーズに回る

6,2020年モデルからクラッチの操作荷重を低減し、急なエンジンブレーキ時のリアタイヤの挙動を抑制するアシストスリッパークラッチが採用され、電装系にも手が入る　7.KEIHINブランドのスロットルボディを使ったFIシステム　8.小気味よいパルス音を吐き出すマフラーはサイレンサー前部にキャタライザーを内蔵する　9.リアブレーキは片押し1ポットキャリパーのディスクタイプ　10.130mmの極太タイヤを16インチホイールにセットし存在感を創出。ブレーキは片押し2ポットキャリパー採用のディスクブレーキ＋2020年モデルより全車標準装備となったABSにより、安全かつ必要充分な制動力を得ている　11. 230mmスパンでマウントされたフロントフォークはインナーパイプ径41mmの正立タイプ　12. スイングアームはφ45mmのパイプを採用。リアアクスルとリアショックをパイプ内側の厚板で支持する特許構造により得られたシンプルなパイプ形状となっている。リアショックは低く抑えたスタイリングを演出するためコンベンショナルな2本タイプ。スポーティなデザインの16インチホールには150mm幅タイヤをセットする

1. ミッドコントロールとされたステップ。右ステップは、ワイドなステップバーにオフロード車的な滑り止めが付いたブレーキペダルを組み合わせる　2. 左ステップも共通のデザイン。いずれのステップバーもステップラバーが取り外し可能で、外すとオフロード車的な滑り止めの歯が付いたスタイルになる　3. レブル250のデザイン的主役となっているフューエルタンク。コンパクトなデザインながら容量11Lを確保しツーリングでの使い勝手も良好　4. タンデムステップはブラックアウトされたパイプステーにアルミ製可倒式バーをセット。ヘルメットホルダーが左サブフレームに取り付けられている　5. 工具無しで取り外せる左側サイドカバーの中には、シート取り外し用の六角レンチが収納されている　6. スリム&コンパクトなライダー、パッセンジャー別体のシート。いずれもボルト固定式となる　7. シート後端部にあるボルト2本を抜き取ると取り外せるライダー側シートの裏面には車載工具が搭載されている　8. 2020年のモデルでよりスッキリとしたLEDテールランプ&ウインカーに変更。リアフェンダーは質感の高い鉄板プレス成形で作られる。それらリア周りをマウントするアルミダイキャスト製のサブフレームはボルトオン構造とし、自由なカスタムを想起できる構成となっている

9. こちらはデザインスケッチ。象徴といえるフューエルタンク、くびれ.のあるナロースタイル、マット＆ブラックアウトに徹したパーツによりタフでクールなイメージを表現している　10. ライダー股下で特徴的なくびれをもたせつつ、フレームのパイプワークと後端をループ形状とすることで、単独でも美しいフレームを実現している

この上下の図はレブル250と500の車体構成上の違いを表したもので、上が250、下が500となる。いずれも灰色、もしくは黒で表された部分は共通。つまりエンジンとそれをフレームに取り付けるエンジンマウント、そしてマフラーだけが専用部品なのだ

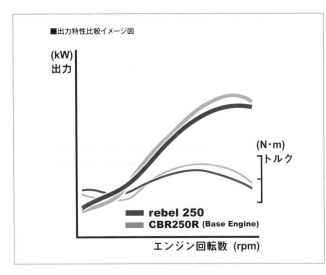

■出力特性比較イメージ図

(kW)
出力

(N·m)
トルク

■ rebel 250
■ CBR250R (Base Engine)

エンジン回転数　(rpm)

こちらは2017年式レブル250と、ベースとなったCBR250Rのエンジン出力の比較イメージ図。下側にあるトルクの線で見るとわかりやすいが、レブル250では吸排気系とFIセッティングの変更により、低回転域での力強さを向上。それでいて出力、トルクとも滑らかなカーブを描いており、これはスロットルを大きく開けてもスムーズに吹け上がるエンジンフィールであることを表している

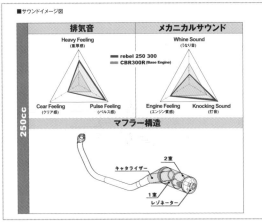

専用設計のマフラーもレブルらしい排気サウンドとパルスフィール作りに貢献している。サウンドで言えば、レブルはバランサードリブンギアも独自設計することで、独特のメカニカル音を演出するなど、こだわり抜かれている

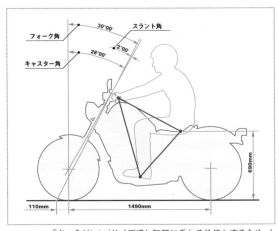

「ちょうどいい」サイズ感と気軽に乗れる性能とするため、ホイールベースは1,490mmに設定。クセのないハンドリングを両立させるべく、フォーク角に2度のスラント角を設け、スタイルに影響を与えずにトレール量の最適化を図っている

初代モデルはこのように白熱電球を使ったウインカーとヘッドライトを採用していた。だがヘッドライトをアンダーブラケットにリム部分でマウントするという独特な構造は、変わること無く現行モデルに引き継がれている

フューエルタンクのキャップはメカニカルな印象のエアプレーンタイプを採用。ハンドルホルダーマウントのメーター、タンク左側下という視界の外に配置したメインキーと相まって、シンプルで人車一体のスタイリングとしている

Rebel 250

2020年のモデルチェンジと共に登場したのが、ヘッドライトカウル、トップブリッジとアンダーブリッジ間のフォークカバー、フォークブーツ、ダイヤモンドステッチ風のブラウンカラー表皮シートを標準装備したS Editionだ。フロント周りのメッキ部分が覆われることで、よりハードな印象を得ることに成功している

SPECIFICATION

車名・型式			ホンダ・2BK-MC49
全長(mm)			2,205
全幅(mm)			820
全高(mm)			1,090
軸距(mm)			1,490
最低地上高(mm)			150
シート高(mm)			690
車両重量(kg)			170〔171〕
乗車定員(人)			2
燃料消費率(km/L)	国土交通省届出値: 定地燃費値(km/h)		46.5(60)〈2名乗車時〉
	WMTCモード値(クラス)		34.1(クラス 2 2)〈1名乗車時〉
最小回転半径(m)			2.8
エンジン型式			MC49E
エンジン種類			水冷4ストロークDOHC4バルブ単気筒
総排気量(cm³)			249
内径×行程(mm)			76.0×55.0
圧縮比			10.7
最高出力(kW[PS]/rpm)			19[26]/9,500
最大トルク(N·m[kgf·m]/rpm)			22[2.2]/7,750
燃料供給装置形式			電子式〈電子制御燃料噴射装置(PGM-FI)〉
始動方式			セルフ式
点火装置形式			フルトランジスタ式バッテリー点火
潤滑方式			圧送飛沫併用式
燃料タンク容量(L)			11
クラッチ形式			湿式多板コイルスプリング式
変速機形式			常時噛合式6段リターン
変速比		1速	3.416
		2速	2.25
		3速	1.65
		4速	1.35
		5速	1.166
		6速	1.038
減速比(1次/2次)			2.807/2.571
キャスター角(度)			28°00′
トレール量(mm)			110
タイヤ		前	130/90-16M/C 67H
		後	150/80-16M/C 71H
ブレーキ形式		前	油圧式ディスク
		後	油圧式ディスク
懸架方式		前	テレスコピック式
		後	スイングアーム式
フレーム形式			ダイヤモンド

〔　〕内はS Edition

メーカー希望小売価格(税込) 599,500〔638,000〕円

Rebel 250 HISTORY
レブル250ヒストリー

2017年の登場から5年が経過したレブル250。時間の経過はわずかに感じるが、カラーリング、機能部分は想像以上に変化している。ここではその歴史を、兄弟車であるレブル500を含めて検証していくことにする。

写真＝Honda

2017

2017年4月、レブルは特徴的な形状のフューエルタンク、ナロースタイルのフレーム、ワイド＆ファットな前後タイヤを特徴とし年齢や体格を問わずに楽しめるバイクとして登場した。レブルの特徴として、249cc単気筒エンジン、最高出力19kw/9,500rpmのレブル250と、471cc直列2気筒エンジン、最高出力34kw/8,500prmのレブル500が、フレームの主要部分および足周りを共有する兄弟車（主に北米向けの

286cc単気筒エンジン（最高出力20kW）採用のレブル300もある）として登場したことも忘れてはいけないポイントだ。

レブル250はスタンダード仕様とアンチロックブレーキシステム採用のABS仕様の2バリエーションが設定された。一方レブル500ではABSは標準装備、そのため単独モデルとして設定され、またカラーバリエーションは独自色は含むものの250より少ない2カラーと、違いがつけられていた。

レブル250 **マットアーマードシルバーメタリック**

レブル250 **レモンアイスイエロー**

レブル250 **グラファイトブラック**

レブル250 ABS **マットアーマードシルバーメタリック**

レブル250 ABS **レモンアイスイエロー**

レブル250 ABS **グラファイトブラック**

レブル500 **マットアーマードシルバーメタリック**

レブル500 **ビクトリーレッド**

2019 —————

2019年モデルはカラーチェンジが行なわれ、250は2019年1月25日に、500は2月15日の発売となった。250は1色廃止2色追加で4色展開に、500は1色入れ替えがされた。またいずれもフレーム色がマットブラックに変更されている。

レブル250
パールカデットグレー

レブル250
マットフレスコブラウン

レブル250
グラファイトブラック

レブル250
**マットアーマード
シルバーメタリック**

レブル250 ABS **パールカデットグレー**

レブル250 ABS **マットフレスコブラウン**

レブル250 ABS **グラファイトブラック**

レブル250 ABS **マットアーマードシルバーメタリック**

レブル500 **グラファイトブラック**

レブル500 **マットアーマードシルバーメタリック**

2020

2020年モデルは、LEDの灯火類、新型メーター、アシストスリッパークラッチを採用し、クラッチレバー、前後サスペンションを変更。また250も全車ABSが標準装備となった。また250にはS Editionが新規に設定されている。

レブル250 **マットジーンズブルーメタリック**

レブル250 **マットフレスコブラウン**

レブル250 **マットアーマードシルバーメタリック**

レブル250 S Edition
マットアクシスグレーメタリック

レブル500 **グラファイトブラック**

レブル500 **マットアーマードシルバーメタリック**

2022

2022年モデルは250、500ともカラーを含めて
変更がなかったが、S Editonでは新色のブルー
が追加された。継続色のマットアクシスグレーメ
タリックではブラウンだったシートが、専用のブ
ラックカラーになっている点に注目したい。

レブル250 S Edition
パールスペンサーブルー

29

Honda GENUINE ACCESSORY CATALOG
ホンダ純正アクセサリー カタログ

ホンダの手による純正アクセサリーを紹介していこう。適合はいずれも'20年以降のモデルで、各アイテムはホンダ二輪正規取扱店で購入可能だ。問い合わせ先メールは info_hondagobikegear@hm-japan.com となっている。

メーターバイザー

ヘッドライト周りにアクセントを作りだし、風防効果も得られるバイザー。傷がつきにくいプレハードコート材採用

¥25,300

ヘッドライトカウル

胸周りの風当たりを和らげるS Edition標準装備品のカウル。マットブラック塗装仕上げ、カウル本体はABS樹脂製

¥16,500

フロントフォークカバー

φ45mmの継ぎ目の無い鋼管を拡管加工したフォークカバー。車体とマッチするマットブラック塗装仕上げ

¥5,500

フロントフォークブーツ

レブルのタフなイメージを強調する、最大径72mmのラバー製ブーツ。インナーチューブの傷つき等を防止する実用性もある

¥5,500

スペシャルメインシート

ダイヤモンドステッチ風表皮を採用。専用チューニングでしっかりした着座フィーリングを持つ。カラーはブラウンとブラック

¥14,300

パッセンジャーシート

スペシャルメインシート(ブラウン)に適合する同色のパッセンジャーシート。表皮はPVCレザー製

¥10,340

リアキャリア

φ19.1mmのパイプを使ったキャリアで、ロープフックを４ヵ所装備するなど使い勝手は良好。許容積載量は3.0kg

¥27,500

バックレスト

パッセンジャーの安心感を高める、リアキャリアのオプションパーツ。レブルのスタイルにマッチしたロータイプ

¥14,300

サドルバッグステー（右側）/（左側）

純正アクセサリーのサドルバッグ専用に作られたステーで、右用、左用がある

¥13,200

サドルバッグ（右側）

普段使いからツーリングまで配慮したワンタッチで着脱できるサドルバッグ。容量約14L。要サドルバッグステー（右側）

¥17,600

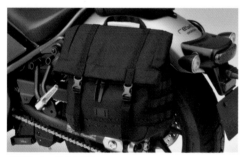

サドルバッグ（左側）

高さ約325mm、幅約320mm、奥行き約139mmで容量約14L。取り付けにはサドルバッグステー（左側）が必要

¥19,800

アクセサリーソケット

メーター横の使いやすい位置に取り付けられる電源用ソケット。定格36W（12V3A）まで使用可能

¥3,960

アジャスタブルブレーキレバー

ノーマルレバーに対し、遠くなる側に２段階、近くなる側に３段階でレバー位置が調整できるブレーキレバー

¥1,980

タンクパッド（センター）

タンクデザインに合わせ専用設計された、タンクの傷つきを防止するラバー製パッド。Rebelのロゴ付き

¥2,640

タンクパッド（サイド）

レブルのタンクにピッタリマッチするよう作られたタンクパッド。傷を防止すると共にニーグリップ性も向上する

¥3,520

レブル250 カスタムピックアップ
Rebel 250 CUSTOM PICKUP

多数のカスタムパーツが販売されているレブル。その組み合わせは悩ましいが、各社自慢のレブルを見て是非参考にしてほしい。

写真＝キジマ／鶴身 健／佐久間則夫

ツーリングでの使い勝手を向上

　スペシャルパーツ武川の手によるこの車両は、ツーリングや普段使いでの快適性を向上させるアイテムで構成されている。まず目を引くのはシールド付きのレッグバンパー。転倒時のダメージ軽減、風防効果によって長距離走行時の疲労を低減するのはもちろん、視覚的効果も大きい。サイドバッグサポートやリアキャリアで積載性もアップされる。この車両の製作工程はp.92から紹介しているので必読だ。

1. 上体に当たる風を減らし、疲労を低減してくれる大型のスクリーンを装着する　2. 左右のレバーは位置調整が可能で、可倒式構造採用で転倒時の折損に対する耐性も高いアルミビレットレバーに変更している　3. ステップバーは細かなポジション変更が可能なアジャスタブルステップを装着　4. 前後シートはダイヤモンドステッチが施されたクッションシートカバーを取り付けてイメージチェンジ。このカバーはデザインだけでなくクッション性もアップする実用面でも優れたアイテムだ

スペシャルパーツ武川　http://www.takegawa.co.jp

5. マフラーはアメリカンスタイルを意識して作られたスリップオンのSSSマフラーにチェンジ　6. 人気のトップケースにも対応したリアキャリア。太いパイプを使い10kgの最大積載重量を達成する　7. クルーザーでは定番のサイドバッグ用のサポートを装備　8. レッグバンパーには専用のLEDフォグランプをセット。ナイトランにおける安全性を高めてくれるカスタムだ　9. φ22.2パイプ用アクセサリーが取り付けられるマルチステーブラケットを左ハンドル部に装着。逆側にはヘルメットホルダーを装備し、普段使いでの利便性を着実に向上させている　10. エンジン回転数はもちろんのこと、速度記録機能、温度計など、多彩な表示機能を持つタコメーターを追加し、走りの楽しさをアップする

高い完成度が生む
自然な佇まい

　一見した印象では、メーターバイザーとレバー、ミラー、キャリア程度のカスタムに思えるが、実はカスタムポイントは車体各部に及んでいる。ノーマルに見えるイコール良好なマッチングで完成度が高い印であり、作り上げたエンデュランスの技術力の高さが伺える。例えばマフラー。サイズ設定が実に絶妙で、純正同様のマットブラック塗装も相まってノーマルのようでありつつ、生み出されるサウンドは心地よく、中低速でのパワーを向上させるなど、理想の1本となっているのだ。

1. メーターバイザーロングセット取り付けでツーリング時の快適性をアップ　2. 一般的なφ22.2mmハンドルに対応したアクセサリーが装着できるマルチバーは、純正メーターを左に移設して取り付けるので、アクセサリーに付けたナビ等が見やすい設計　3. ハンドル周りはアジャスタブルレバー、マスターシリンダーキャップ、ミラーのカラーをレッドで統一してセットアップしている　4. 手前に約18mm引かれ、高さが約28mmアップし、さらに幅が約40mm狭いポジションに設定することで、やや前傾気味なポジションをゆったりとしたポジションへと変えるオリジナルハンドル

エンデュランス　https://endurance-parts.com/

5. 寒い時期に恩恵を感じるグリップヒーターを装備。便利な機能を備えたエンデュランス自慢の逸品だ　6. 専用ケースでETC車載器をマウントする　7. シンプルながら保護効果をきっちり発揮するエンジンガード　8. 特にサイドビューが自慢のhi-POWERメガホンマフラー。ステンレス製をマットブラック塗装で仕上げてある　9.10. 車両メーカー同様のテストを経て開発されたリアキャリアは安心の強度を持ち、積載性もバッチリ。それにバックレスト、サイドバッグサポートを組み合わせ、ロングツーリングに対応させている。またシートは厚みをもたせ着座位置を少し上げつつフラットにすることで上体がのけ反りにくいポジションを生む、エンデュランスのフラットシートにチェンジ。このシートは足つき性を考慮してサイド部を大きくカットされているのも特徴だ

アメリカンカスタムの老舗の技が
光るスタイルが魅力

　カスタムパーツメーカーの老舗キジマは、長年ハーレー用パーツも展開してきた。そのノウハウが遺憾なく発揮されたのがこのレブル。ハーレーのツーリングモデルを象徴するパーツの1つ、通称ヤッコカウルをレブル用にアレンジ。圧倒的なイメージチェンジ効果と高い風防効果を得ている。得意とするキャリアや灯火類のカスタムもきっちりはまっており、全体のスタイル作りも流石の一言だ

キジマ　https://www.tk-kijima.co.jp/

1. キジマが提案する「コンチネンタル」を決定づけるフェアリングキットは、ハンドルクランプタイプのアクセサリー取付部が設けられている。リングカバー装着で存在感をアップしたメーターにも注目
2. スタイルにもこだわったというエンジンガードにはガソリンボトルを専用レザーホルダーでマウント　3. ラウンドタイプとしてスッキリとしたイメージとしたテールランプ　4. 細めのパイプで構成され軽快な雰囲気さえ感じるリアキャリアにバッグサポートでまとめたリア周り。専用ステーで取り付けられたレザーケースにはETC車載器を収納してある

軽快なスタイルと高性能マフラーが
ハイレベルな走りを予感させる

　ハイクオリティなマフラー作りで知られるアールズ・ギアが手掛けたレブル250は、マジカルレーシングプロデュースの新ブランド、TCWのパーツを効果的に使い、軽快さを演出。積載系のアイテムもサイドバッグ1つとすることで、走りのレベルがワンランク引き上げられていることを大いに予感させる。注目の排気系はφ50mm極太エキゾーストパイプを使い、ルックス面でも大きな効果を得ている。

アールズ・ギア　https://www.rsgear.co.jp

1.TCWのスリムなフロントフェンダーでフロント周りの軽快感を生み出している　2.オリジナルのハンドルバックライザーにより、40mmバック＆15mmアップのハンドルポジションを実現　3.排気系はワイバンクラシックスリップオンマフラーと50φ極太フロントEXパイプのコンビネーション。低回転からの大幅なトルク＆パワーアップを実現し、重低音シングルサウンドを奏でる　4.カーボンならではの高級感を感じるミラーは、ヘッド部分とアーム部分が自由に組合わせられるマジカルレーシングのNK-1ミラー。写真の組み合わせはタイプ6ヘッド・綾織カーボン製＋ショートエルボー・ブラックステムだ

レブルのイメージにマッチした
2トーンで仕上げる

　ブラックアウトされた車体にステンレスの輝きを放つマフラーとグラブバーを配置することで、レブルのデザインコンセプトにあるマット＆ブラックアウトのイメージそのまま、ノーマルでは得られないカスタム感を作り出したのがウイルズウィンのこの車両だ。スタイルを一変させるカスタムも人気だが、このようにノーマルの良さを引き出すカスタムも定番であり、参考になる人も大いにいることだろう。

ウイルズウィン　https://wiruswin.com

1. フルエキゾーストタイプのマフラーは、ステンレスを鏡面仕上げとしたスラッシュメガホンマフラー。1番の売りはサウンドで、ドッドッドッと響きつつ耳障りではない重低音を奏でる　2. タックロールタイプのダブルシート装着で、クルーザーらしいロー＆ロングなフォルムに磨きをかける　3. 安心・安全にタンデム走行できる機能面を重視したというグラブバーのステンレス鏡面仕上げをセレクト　4. ノーマルではやや重さを感じるリアは、フェンダーレス kit タイプ1を取り付けることでスッキリした印象に。同時にタイヤがより露出されるようになり、レブルらしさをより強調できるアイテムでもある

Rebel 250
愛車を綺麗に保つための 洗車テクニック

バイク本来の使い方＝ライディングをすると、汚れと無縁ではいられない。バイクが汚れると美観が悪いだけでなく状態悪化にもつながる。ここでは洗車とチェーンの洗浄・給油のテクニックを解説するので、ぜひ実践してほしい。

協力＝デイトナ　https://www.daytona.co.jp/　写真＝柴田雅人　Photographed by Masato Shibata

洗車の道具とケミカル

水をかけて擦るだけでは愛車はきれいにならない。ここでは効果的かつ効率的に洗車するための道具とケミカルを紹介する。

バケツ
水洗いには当然水が必要。ホースが使える場面でもシャンプー等を使うためにバケツもあると便利だ

マイクロファイバーミトン
水を使った洗車でこすり洗いする時に使う。スポンジでもよいが、このミトンは優しく擦れて傷をつけにくいのでおすすめだ

フレキシブルホイールブラシ
狭い隙間が多く洗いづらいホイールを、傷をつけず効率的に洗える専用ブラシ

フレキシブルエンジンブラシ モヒカンブラシ
凹凸があり塗装も比較的強いエンジンやブレーキ周り等の汚れ落としに使いたい。ブラシは大小2つあると便利

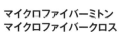

チェーンブラシ / 獣毛ブラシ
チェーン洗浄用には、3面を同時に洗えるチェーンブラシと、細かい部分も洗いやすい獣毛ブラシの2タイプを用意したい

マイクロファイバーミトン マイクロファイバークロス
柔らかくて傷をつけにくく吸水性にも優れる。洗車全般、ケミカルの拭き取り等、様々に使える

バイク用シャンプー / スプレー式クリーナー
水を使った洗車で使う洗剤。スプレー式は直接車体に噴射して使う

クイッククリーナー
水を使わない洗車で使用するのがこちら。出先でも素早く洗車できる手軽さが特徴

ホイールクリーナー
ブレーキダスト等、落ちにくい汚れが多いホイール専用に作られたクリーナー

シートクリーナー
細かい凹凸があり意外ときれいにしにくいシート表皮の洗浄に特化したクリーナー

チェーンクリーナー / チェーンルブ
チェーンのしつこい汚れを落とす専用クリーナーと、洗浄後の注油に使うチェーンルブは必須のアイテム

スクリーンクリーナー
スクリーンやウインカーレンズ等の汚れを落とし、小キズを落とせる

耐熱ワックス
マフラーに代表される高温になる部品専用のワックス。使用することで艶が得られる

コーティング剤
洗車後の輝きを維持し、汚れの付着を防止するアイテム。洗車の仕上げに使う

オイルコーティング
汚れやサビから愛車を守る専用ケミカル。長期保管やサビやすい部分の保護に使いたい

洗車の基礎知識

とても身近な洗車という行為だが、無造作に実施すると愛車を
きれいにするどころか状態を悪化させてしまう。ここでは事前に
覚えておきたい、洗車の基礎知識を解説する。

● 晴天時の洗車はNG

天気が良く、直射日光が降り注ぐ環境、実は洗車
には全く向かない。水滴によるレンズ効果で塗装
面が焼けたり、ケミカルが早期に乾きシミを作る
可能性が高まる。洗車日和は曇りの日なのだ

● 水は上から下、前から後ろへ

水を使った洗車時
は、上から下、前から
後ろに向かって水を
かけると、バイクの
構造上、電装系等、
避けたい部分に水が
入りづらい

● 水に弱いところに注意

マフラー内部やバッ
テリー、スイッチ部
は、水が入ると動作
不良を起こすので気
をつける。高圧洗浄
機をこれらの部分に
使うのは厳禁だ

● 優しく洗う

スポンジ等でこすり
洗いする時は、力を
入れず撫でるように
洗うこと。そうしない
と表面の汚れが研磨
剤の役割をして車体
に傷をつけてしまう

● ケミカルの取り扱い

洗車に使うケミカル
には使用不可の場所
が指定されている場
合がある。安全上の
懸念もあるので、使
用前必ず説明書を確
認すること

水を使った洗車

ここからは洗車の基本といえる、水を使った洗車の
手順を説明していく。泥汚れなど、ひどい汚れがある
場合におすすめの洗車方法だ。

01 適切な量のシャンプーを水に混ぜ、洗浄液を作る。
製品によりスポンジ等に直接付ける方法もある

02 まず水だけを使い車体に付いた泥やホコリ等を洗
い流す。いきなりこすり洗いすると傷になるからだ

03 洗浄液を含ませたスポンジで車体を優しく洗う。汚
れが再付着しないよう、上から下に洗っていく

04 スプレー式クリーナーは、水洗いした後で少し離れ
た位置からスプレーし、汚れが浮くまで待つ

05 スポンジでは洗いにくいエンジンやブレーキ周りを、洗浄液を
付けたブラシを使いこすり洗いする

06 たっぷりと水を使い、上から下の順で汚
れと泡を完全に洗い流す

07 残っているとシミの原因となるので、マイクロファイバークロス等で水滴を拭き取る

08 ホイールを洗う。まずたっぷりの水で泥やホコリを洗い流す

ホイールクリーナーを吹き付け、汚れが浮き上がるのを待つ

09

手が入りにくいので、ホイールブラシを使い隅々まで汚れをこすり洗いする

10

11 たっぷりの水で汚れとクリーナーを洗い流す

12 水が乾燥する前にマイクロファイバークロス等で水滴を拭き上げる

水を使わない洗車

準備が簡単でより手軽に実施できる水を使わない洗車手順を解説する。短時間でできるので、ツーリング先でも行なえるのもメリットだ

01 スプレーして汚れが浮くのを待つ。浮かない砂や泥があるときは、そっと落としてから作業を進める

02 液剤が乾燥する前にマイクロファイバークロス等の柔らかい布で拭き上げる

Check

スプレー後に放置し、液剤が乾いてしまうとシミの原因となるので、一度に広範囲にスプレーするのではなく、範囲を小分けにして作業していくのをおすすめする

ここで使用しているモトレックスのクイッククリーナーは金属部にも使えるが、上記の理由から拭き取りができない奥まった部分には使用しないこと

03

Check

今回使用したクイッククリーナーは、使用した表面が滑りやすくなるのでタイヤやハンドルグリップ、ステップ等に使ってはいけない。もしその近辺で使う場合は、養生するなど付着防止措置をしておくこと

Point

シートを洗っていく。表皮を触り、熱くなっていたら水をかけて温度を下げておく。これはクリーナーが短時間で乾燥することで跡が付いてしまうのを防止するため

04

05 汚れが軽度の場合、柔らかい布にシートクリーナーをスプレーする

06 液剤を付けた布でシートを拭き洗いする。汚れがひどければ直接スプレーし、数分後に拭き取る

洗い終わったら石鹸を使い手を洗っておこう

07

ドライブチェーンの洗浄と注油

走行を重ねること、そして雨天走行をすることで汚れるドライブチェーン。寿命を伸ばし性能を維持するために洗浄と注油の手順はぜひ覚えておこう。

01 チェーンを回しながらクリーナーを吹く。タイヤ等は養生しておこう

02 ひどい汚れがある場合はブラシで擦り洗いする。3面ブラシタイプは効率的だがスペース的にチェーン上面は洗いにくい

03 そこで獣毛ブラシも使いつつ、チェーン全面をきれいにする

04 スプロケットも汚れているので、クリーナーとブラシを使って洗う

仕上げに落とした汚れをウエス等で拭き取る。上下面は指の腹でウエス等を押し、凸凹したローラー部からしっかり汚れを拭き取ること

05

06 スプロケット等の汚れも拭き取る

07 注油していく。多くの場合、チューンルブは事前に上下に振り中身を均一にしておく必要がある

タイヤ等にかからないようにしつつ、15〜20cmほど離してチェーン全周にスプレーする。チェーン側面だけでなく、ローラー部分に注油するのが重要だ

08

09 潤滑剤がチェーンに浸透するよう、5〜10分ほど待つ。製品により色が変化するものもある

10 チェーンルブは飛び散りにくく作られているが、多量に吹いてしまった場合は余分を拭き取っていく

Check

スプレー後の浸透時間は製品により異なる。例えば写真のモトレックスのチェーンルブは30分待つことが指定されている。繰り返すがケミカル類は使用前に説明書をよく読み、使用手順を確認しておくこと

ワックス&コーティング

洗車後、ワックスとコーティングをすることで、その
美しさをより長く保つことができる。製品により手順
が異なるので、確認した上で作業に挑もう。

ワックスは一般にタイヤやブレーキ、ステップやハンドルグリップへの使用はできない。またレブルのよう
なマット塗装された部分への使用も禁止されていることもあるので、充分確認しておくこと

外装

モトレックスのモト
シャインを使い外装
にワックスをかける。
ボトルを振り中身を
混ぜた上でマイクロ
ファイバークロスに
液剤をスプレーする

01

コーディングしたい
部分に布に付けた
液剤を塗り、汚れて
いない別のマイクロ
ファイバークロスで
拭き取る

02

03 モトシャインはマット塗装でない塗装面、メッキ部、プラスチック部に使用できる

マフラー

01 マフラーに耐熱ワックスをかけていく。まずは冷えた状態で汚れを洗っておく

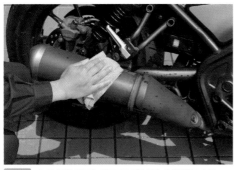

02 水分を拭き取り、施工部が乾燥した状態にする

03 デイトナの耐熱ワックスを使用する。容器を上下に振り、中身をよく混ぜておく

タイヤにかからないよう養生してから、15cm離して均一にスプレーする。その後、きれいな布で拭き上げる

04

05 施工後10〜15分すると完全に乾燥するので、乗るのはそれからにしよう

Check

ブレーキやタイヤ、操作部に付いてしまったら、すぐに水洗いするか濡らしたタオルで拭いて液剤を取り除く

スクリーン・レンズ

01 使用前に上下に振り、液剤を均一な状態にする

02 スポンジや柔らかい布にクリーナーを適量取る

03 事前に水洗いしてホコリ等を除去した上で、使用箇所を円を描くように磨いていく

04 クリーナーが乾く前に、汚れていない別の柔らかい布で拭き上げる

サビ防止

01 モトレックス・モトプロテクトを使用する。まず車体の汚れを落とし、缶をよく振って中身を混ぜておく

02 使用部位にスプレーする。この製品はタイヤ、ブレーキ、グリップ、ステップには使用できない

03 柔らかく汚れていない布で拭き上げる。不適切な部分に付いた場合は水洗いすること

Check

メッキされた部品はサビに強いイメージがあるが、表面にはごく小さな穴があり、全くさびない訳ではない。そんなメッキ部分のサビを防止する専用ケミカルもあるので、併用するのもおすすめだ

レブル250 ベーシックメンテナンス

Rebel 250
BASIC MAINTENANCE

性能を最大限に発揮し、また愛車の寿命を伸ばすためには、定期的な点検と整備が欠かせない。ここではオーナーに求められる基本的な点検および整備の方法について解説する。

車両・取材協力=ホンダモーターサイクルジャパン 車両協力=レンタル819 https://www.rental819.com
取材協力=ホンダドリーム横浜旭 / スピードハウス 撮影=梶原 崇 / 柴田雅人

適切なメンテナンスで安全に楽しく乗ろう

バイクの設計は年々進化し、以前に比べるとメンテナンスの頻度は大きく低下した部分も少なくない。一方でタイヤに代表されるように、こまめな点検が欠かせない部分もまた存在し続けている。

点検が疎かになった結果メンテナンスすべき適切なタイミングを見逃してしまうと、本来の性能が発揮できないだけでなく、愛車を壊してしまったり最悪事故につながってしまう。

それらを防ぎ、快適に楽しく乗り続けるために欠かせない点検とメンテナンスの方法を説明していくので、愛車の維持に役立ててほしい。

WARNING 警告

この本は、習熟者の知識や作業、技術をもとに、読者に役立つと弊社編集部が判断した記事を再構成して掲載しているものです。あくまで習熟者によって行なわれた知識や作業、技術を記事として再構成したものであり、あらゆる人が、掲載している作業を成功させることを保証するものではありません。そのため、出版する当社、株式会社スタジオ タック クリエイティブ、および取材先各社では作業の結果や安全性を一切保証できません。また本書に掲載した作業により、物的損害や傷害、死亡といった人的損害の起こる可能性があり、その作業上において発生した物的損害や人的損害について当社では一切の責任を負いかねます。すべての作業におけるリスクは、作業を行なうご本人に負っていただくことになりますので、充分にご注意ください。

メンテナンスポイント

ユーザーがチェックしておくべき主要なメンテナンスポイントを紹介する。いずれも性能・安全に直結する一方で、比較的メンテナンススパンが短い部分となっている。

1 ブレーキフルード

ブレーキを作動させるブレーキフルードの量を、前後のリザーバータンクで確認する。それが減っているようだと、ブレーキパッドの摩耗やフルード漏れが疑われる

2 ブレーキパッド

ブレーキキャリパー内で制動力を発揮させるのがブレーキパッド。その減り具合を点検する。寿命を迎えると制動力は失われてしまうので、定期的な点検はとても大切だ

3 タイヤ

レブル250の性能を発揮できるかどうかはタイヤ次第。空気圧が適切か、摩耗や損傷が無いかはこまめに点検すること。状態悪化は気づきにくいので、思い込みを排除することが大切だ

4 エンジンオイル

エンジンの性能を充分発揮させ、また寿命を伸ばすためにエンジンオイルの定期交換は必須の作業。またその量の点検もまめに行ない、オイル漏れ等の異常が無いかを確かめておくこと

5 ドライブチェーン

ドライブチェーンは乗るほどに伸び、たるみ量が増える。するとシフトチェンジがしにくくなるなど悪影響が出るので調整が必要だ。また性能維持や寿命を伸ばすために洗浄・注油も欠かせない

6 冷却水

エンジンを冷やすための冷却水は2年毎の交換と、より短いスパンでのリザーバータンク内の液面点検が必要だ

7 灯火類

自分の存在や行動を周囲に知らせる働きがある灯火類。2020年式以降はLEDを採用しているので、白熱球に比べ点灯しなくなる可能性は低いが、乗車前に正常作動は確認しておく

8 クラッチ

乗車の前にクラッチレバーを操作し、スムーズに操作できるかを点検する。ひっかかりを感じる、動きが固い場合は、クラッチケーブルが傷んでいる恐れがあるので、交換を視野に入れよう

消耗部位の点検

車両の状態は徐々に悪くなるので意外と気づきにくい。乗車前等、定期的に点検を実施することで確実に状態を把握しつつ、適切なタイミングでメンテナンスできるようにしていこう。

ブレーキ

安全に直結する部位だけに、レバー/ペダルを操作しての正常作動するかの点検は乗車前に必ず実施したい。ここでは他の点検項目について紹介する。

01 車体を直立させ、フロントブレーキのリザーバータンクの液面がLOWER以上かをチェックする

02 リアのリザーバータンク。液面がLOWER以下ならブレーキパッドが摩耗している可能性がある

03 ブレーキパッド残量を目視点検する。前側は車両前方から点検する

04 リアも点検する。フロント同様、摩擦材側面にある印線（矢印）まで摩耗していたら寿命だ

05 ブレーキディスクも消耗品。ディスクを直径方向に指でなでた時に凹凸を感じたら寿命と言える

タイヤ

損傷や異物刺さりによるパンクは突発的に起こるので、乗車前に毎回確認する。空気圧や摩耗については1ヶ月に1回以上のスパンで点検すること。

01 異物が刺さっていないか、損傷が無いかをタイヤの接地面全周で確認する

溝の深さで摩耗を点検。側面の印の延長線上にある溝にはウェアインジケーターがある。摩耗するとそれが浮き出て溝を分断するので、寿命と判断できる **02**

03 空気圧を点検するため、バルブキャップを外す。バルブ保護上重要なので、点検後必ず装着すること

04 エアゲージをバルブに差し込む。まっすぐ差し込まないと空気が漏れてしまうので注意すること

05 フロントの指定空気圧は200kPa。走行する前、タイヤが温まっていない冷間時に点検すること

06 リアも同様にして点検する。前後で異なることが多いがレブル250は前と同じ200kPaが規定値

灯火類

灯火類が動作しないと、周囲に自分の存在や行動を認知させられないので危険だ。乗車前には必ず動作を確認すること。乗車中には気づきにくいからだ。

01 エンジンを始動させ、ヘッドライトのハイ / ロー、ポジション灯が点灯するかを点検する

02 続いて前後左右のウインカーがスイッチ操作に合わせて点滅するかを点検する

03 テールランプのポジション灯が点灯するか、ブレーキ操作に従いブレーキ灯が点灯するかも確認する

ドライブチェーン

ドライブチェーンは摩耗により伸び、たるみが増えてしまう。1ヶ月に1度程度たるみ量を点検し、適正値を外れていたらたるみ量の調整を行なうこと。

01 たるみ量は最も大きくなる前後スプロケットの中間点で、チェーンを動かし複数箇所で測定する

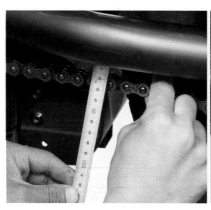
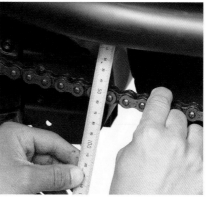

チェーンをつかんで上下に動かし、その移動幅を測定する。25〜35mmが適正で、それ以上でもそれ以下でも不具合があるので調整する

02

03 ドライブチェーンのたるみおよび空気圧の規定値はスイングアームにあるシールに記されている

04 左スイングアーム後端のプレートにある印がシールの赤位置にあるならチェーンの寿命なので交換

エンジンオイル

点検時、エンジンが冷えている時は3〜5分アイドリングさせエンジンを停止。2〜3分待った後、車体を直立させた状態でオイル量の点検を実施していく。

01 エンジン右下にある点検窓で量を確認する。下の印線以下なら上の印線までオイルを補充する

冷却水

左ステップ内側にある冷却水リザーバータンクの液面を点検する。見にくい場合、タンクをライトで照らすと液面が確認しやすくなる。

01 車両を直立させた状態で点検をする。UPPERとLOWERの間にあれば正常だ

02 量が不足している場合は補充する。注入口は写真の位置にあるので、ゴムキャップを外す

03 純正のクーラントを補充する。減りが著しい場合は漏れている可能性があるのでショップに相談する

各部のメンテナンス

定期的に必要となる各部の部品交換や調整の手順を解説していこう。分かりやすく説明していくが、実施に不安を感じるようならためらうことなくプロの手に委ねることが大切だ。

ドライブチェーンの調整

たるみ点検の結果、規定値を外れていたら調整をする。安全のため、締め付けトルクが測れるトルクレンチを用意した上で作業に臨むようにしよう。

01 調整作業はメンテナンススタンドがあると便利。ただレブルは製品を選ぶので気をつけること

02 車体を垂直にし受けの部分をスイングアームに当てて、スタンドを掛ける。慣れないうちは転倒を避けるため、外す作業を含めて二人で作業することを強くおすすめする

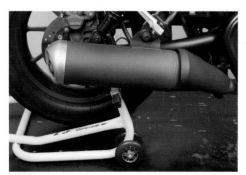

03 マフラーに干渉するので、スタンドの受けは車体にかかる部分が上にオフセットしたものを選ぶこと

04 サイレンサーを外す。まずその根元にあるバンドを12mmレンチで緩める

05 タンデムステップ部にあるマウントボルトとナットを 12mmレンチを使い取り外す

06 サイレンサーを後方に引き抜く。きつい場合、先程 緩めたバンドをさらに緩めてみる

07 サイレンサーにはエキゾーストパイプ差込部にガ スケットがあるので、取り付け時は新品に交換する

08 サイレンサーが外れアクスルナットが姿を表す。こ の状態でないとトルクレンチが使用できない

アクスルシャフト（左 側）を14mmのヘキ サゴンレンチで固定 しつつ、アクスルナッ ト（右側）を24mm レンチで緩める

09

10 5mmのヘキサゴンレンチでアジャスターを固定し た状態で17mmレンチでロックナットを緩める

11 チェーンの調整は、スイングアームにある印線と銀 色のプレートとの位置を目安にする

チェーンのたるみ具合を確認しながらアジャスターを回して適正値になるようチェーンを調整していく

12

13 左側と同じ位置になるよう、印線を目安に右側も調整する

14 調整が終わったら、アジャスターを回り止めしながらロックナットを締め込む

アクスルシャフトが回らないようにしつつ、右側のアクスルナットを88N・mのトルクで締め込む

15

16 サイレンサーをエキゾーストパイプに差した後、固定ボルトで固定し、バンドを締めれば作業完了だ

エンジンオイルの交換

新車時の初回は1,000kmまたは1ヶ月、
以降6,000km毎または1年毎が指定交
換周期。オイルフィルター交換時、オイル
注入はフィルター取り付け後にすること。

01 オイルが抜けやすいよう、フィラーキャップを外し
ておく

02 オイルを排出するドレンボルトは、エンジン左側底
面のこの位置にある

03 下にオイル受けを用意しながら12mmレンチで手
で回せる程度までドレンボルトを緩める

最終的に手でドレン
ボルトを緩めて取り
外す（オイルが熱い
場合は火傷に注意）。
ある程度オイルが出
る勢いが弱まったら
車体を垂直にして、
完全にオイルを抜き
きる

04

05 出したオイルに金属粉が混じっていないか確認。初回
交換以外で多量にあるようだとトラブルが疑われる

06 ドレンボルトに取り付けられたシールワッシャを新
品に交換する

07 排出口付近に残ったオイルや汚れをウエス等で拭いてクリーニングしておく

08 手でドレンボルトをねじ込み、最終的に工具を使い24N・mのトルクで締め込む

09 まず規定（1.4L、フィルター交換時は1.5L）より少なめに、ゆっくりオイルを入れる

10 点検の時と同一の手順でオイル量を確認。必要があれば上限まで補充し、フィラーキャップを閉める

オイルフィルターの交換

オイルに混じった異物を濾し取るのがオイルフィルターだ。メーカーによる交換指定は初回13,000km、以降は12,000km毎となっている。

01 レブル250のオイルフィルターは内蔵式で、エンジン右下のこの位置に設置されている

フィルターのカバーはボルト4本で留められている。オイルが出てくるので下にオイル受けを置いた上で、8mmレンチで固定ボルトを抜き、カバーを取り外す

02

03 カバーの中にある部品を確認。レブル250の場合、カバー中央にスプリングが取り付けられている

04 オイルフィルターを手前に引いて取り外す

05 エンジン本体とカバーの間に取り付けられたガスケットを取り外す

06 ガスケット取付部に汚れがあると密閉性能が落ちてしまうので、ウエスを使い清掃する

スプリングが脱落するのを避けるため、オイルフィルターはフィルターカバーに取り付け、さらに新品のガスケットもセットする

07

ガスケットは位置がずれやすいので一本だけボルトを差し、ずれないようにしながらエンジンにあてがい、全てのボルトを取り付ける

08

09 4本のボルトを少しずつ均等に締めていき、最終的に12N・mのトルクで締め付ける

10 オイル汚れがあるのでパーツクリーナーで周囲を洗浄すればフィルターの交換は終了となる

バッテリーの点検

スターターモーターの回りが弱いといった症状が見られたら点検したいのがバッテリー。バッテリーの脱着とマルチテスターによる点検方法を解説する。

01 シートを外すため後端部を持ち上げて固定ボルトを露出させ、長めの5mm六角レンチで外す

02 シートは後ろ側を持ち上げた上で後方に引くことで外すことができる

03 シートを外すと多数の電装部品やハーネス（配線）が現れる。取付状態を記録しておくこと

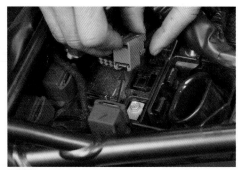

04 矢印の爪を持ち上げてロックを外しながら写真下方向に引いてデータリンクカプラーを外す

05 エアーチェックコネクターを外す。矢印の位置にある爪を上に向かって押してロックを解除する

06 コネクターホルダーを外す。これは爪にホルダーのゴムが差さっているだけで、上に引くだけで外せる

07 データリンクホルダー近くにあるリレーを、上に引いてカバーから引き抜く

コネクターホルダー隣にも2つリレーがあるので、先程同様、上に引いて取り外す

08

09 バッテリーカバー取り外しの妨げになるカプラー、ホルダーが全て外れているかを確認する

10 バッテリーカバーを固定するクリップを外す。クリップは中央部を押して凹ませるとロックが外れる

2つあるクリップの左側は太いハーネスの下（矢印）に配置されている。爪からハーネスを外して横にずらし、スペースを作った状態でクリップを外す

11

クリップは外したままの状態（写真左）ではロックができない。そこで棒状部分を押し戻し、写真右のように上部から飛び出した状態にする。ロックする時は、飛び出た部分を押し、つば部分と同一面にする

12

Point

13 プラスドライバーでバッテリーのマイナス端子とバッテリーコードを留めるボルトを外す

14 カバー取り外し時に引っかかる恐れがあるので、外したマイナスコードをカバーからずらしておく

15 バッテリー端子にある四角いナットが脱落しないよう、固定ボルトをナットが落ちない程度にねじ込む

16 改めて外し忘れたものがないかを確認し、ハーネスを避けながらバッテリーカバーを外す

17 ハーネスを横に避け、赤いターミナルカバーをずらしてバッテリーのプラス側コードを取り外す

18 ハーネスを避けながらバッテリーを抜き取る

19 マルチテスターを使って、プラス、マイナス端子間の電圧を測定。12.8V未満なら補充電する

より正確な点検をするなら専用バッテリーチェッカーを使う

電圧はバッテリーの状態を見る上で有効な指標だが、寿命を正確に判断するには力不足。より正しい状態、寿命を測定するのであれば、専用の機能を備えたバッテリーチェッカーの使用をおすすめする。

20 落下させて破損させない、また端子接触によるショートに気をつけ、バッテリーを車体に戻す

Point

21 バッテリーのプラス端子にプラスコードを接続し、ターミナルカバーを被せる

22 ハーネスを避け、バッテリーカバーを取り付ける

23 マイナス端子にボルトを使いコードを接続。ボルトは緩まないようしっかり締め付けること

24 3つのリレー、ターミナルカバーを取り付ける。車体側の突起を各部品にあるスリットに入れ固定する

25 データリンクカプラー、エアーチェックコネクターを付ける。カチッとした手応えがあるまで差すこと

ヒューズの点検・交換

バッテリーは正常なのに電源が入らない、特定の電装品だけ作動しない場合はヒューズを点検する。交換してもすぐ切れる場合はショップに点検してもらおう。

01 メインヒューズは電装系全般が全く作動しない場合点検する。右サイドカバーを手前に引いて外す

サイドカバーを外すとメインヒューズ周りが露出する。カバー固定用グロメットは丸印の3ヵ所にある

02

03 メインヒューズはスターターマグネットスイッチにあるので、手前に引いて車体から外す

04 側面にある爪の上部を押してロックを解除した状態で、カプラーを上に引いて分割。メインヒューズを点検する

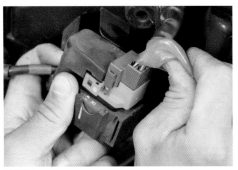

05 点検が終わったらカプラーを取り付け、スイッチを元に戻す。スペアヒューズは取り付けゴム部にある

06 3ヵ所あるグロメットに爪を差し込んでサイドカバーを固定する。手応えがあるまでしっかり押すこと

07 サブヒューズはバッテリーの脇にあり、アクセスするためにバッテリーカバーを外す

08 ヒューズボックスのふたを開けるとヒューズが見えるようになる

09 ヒューズ取り外しは、バッテリーカバーに取り付けられた専用工具を使うと便利

10 ヒューズを外し、2つの柱間のエレメントが切れていないかをチェック。切れていたら交換する

サブヒューズにも各定格電流ごとに1つスペアが用意されている。一番大きなヒューズボックスに2つ（他と向きが異なるもの）、そしてバッテリーカバーにもう1つ取り付けられている

11

ブリーザードレーンの清掃

エンジンが燃焼する際に生まれるブローバイガス。その一部は液化し、ブリーザードレーンに溜まるので、1年に1度程度、その堆積物の清掃が必要となる。

01 ブリーザードレーンはサイドスタンドの前、この位置にあるプラグの付いたホースだ

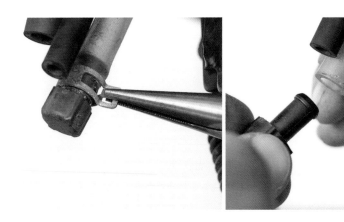

クリップをラジオペンチなどで開いてずらしたら、下に受け皿を用意した上でプラグを外し、堆積物を排出。すべて取り除けたらプラグとクリップを元に戻す **02**

ブレーキパッドの交換

ブレーキパッドの交換作業は、交換そのものだけでなく、ブレーキキャリパーの清掃およびブレーキピストンを押し戻す作業もする必要がある。

フロント

01 作業前に構造を確認。ブレーキキャリパーを外すため銀色のキャリパー固定ボルトを外していく

02 12mmレンチを使いボルトを緩める。今後の作業がしやすいよう、緩めるだけで抜かないこと

03 ブレーキパッドを固定しているパッドピンを5mmの六角レンチで緩める

04 キャリパー固定ボルトを抜き、ブレーキディスクに沿うようにブレーキキャリパーを外す

05 緩めてあったパッドピンを抜き取る

06 フリーになったブレーキパッドを2枚ともキャリバーから取り外す

07 ブレーキキャリバーからブラケットを引き抜く

08 ピストン（光沢のある筒状の部品）を中性洗剤を溶いた水とナイロンブラシで洗浄する

09 パッドピンにもブレーキパッドのカス等が付着しているので、真鍮ブラシで清掃しておく

10 キャリバーにあるブラケット側のスライドピンが入る穴に、潤滑用シリコングリスをスプレーする

11 ブラケット側にあるスライドピン用のブーツ内にシリコングリスを入れる

12 それぞれの穴とスライドピンを合わせ、キャリバーとブラケットを合体させる

13 パッドの摩耗に従いせり出したピストンを、ピストンツールで回し押す等して一番奥まで押し込む

ブレーキパッドをセットする。パッドは一方に突起があるので、それがキャリパー側の凹みにはまるように取り付ける

14

15 パッドピンを差し込み、ブレーキキャリパーとブレーキパッドを固定する

16 パッドの取付状態を確認する。正しく取り付けられていれば、パッドをキャリパーから引き出せない

17 両ブレーキパッドの間にブレーキディスクを挟みつつキャリパーをフォークにセットし、ボルトを差す

18 ブレーキキャリパーの固定ボルトを30N·m、パッドピンを18N·mのトルクで本締めする

ブレーキパッドとブレーキディスクに隙間があり、ブレーキが利かない状態なので、タッチが固くなるまでブレーキレバーを数回握る。この作業は必ず実施すること

19

リア

01 リアキャリパーの全景。黒いキャリパー固定ボルト2本で固定されている

02 固く締まっているので、まずパッドピンを8mmレンチで緩めておく

前側を14mm、後ろ側を12mmのレンチを使い、キャリパー固定ボルトを外す。ネジ山にある緑色のものはネジロック剤だ

03

04 キャリパーを取り外す。フロントとは違いブラケットは車体に残る構造だ

05 緩めておいたパッドピンを取り外す。フリーになったパッドが脱落するので支えておく

06 ブレーキパッドを取り外す

07 フロントと同じ要領でピストンを洗う。洗いにくい裏側はピストンツールで回すと作業しやすい

08 せり出たピストンを一番奥、キャリパーとツライチになるまで戻す

09 車体に残ったブラケットのスライドピンが入る穴（ブーツ）内にシリコングリスを入れる

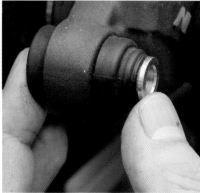

キャリパー後ろ側の取り付け穴にはスリーブがある。これが左右にスムーズに動くかを確認。渋いようなら取り外して清掃し、シリコングリスを塗布する

10

新しいブレーキパッドをキャリパーにセットする。ブレーキパッドの前側はキャリパーではなく、ブラケット側で支持される構造（写真右）なので、写真左の状態だと全く固定されずグラグラする

11

12 真鍮ブラシで清掃したパッドピンを差し込み、キャリパーとパッドを固定する

13 キャリパーをブラケットに取り付け、固定ボルトを差し込む

14 パッドピンを18N·m、キャリパー固定ボルトを前27N·m、後ろ23N·mのトルクで締め付ける

15 作業後は必ずブレーキペダルをタッチが固くなるまで数回操作し、ブレーキが動作する状態にしていく

ブレーキフルードの交換

ブレーキフルードは2年に1回の交換が指定されている。また激しい操作を繰り返すと濁ってくるので、それが点検窓から認められた場合も交換したい。

フロント

01 リザーバータンクのフタの固定プラスビスを外す。サイズの合った工具を使わないとなめやすい

02 固定ビスを外したらフタを取り外す

03 金属製のフタの下には樹脂製のプレートがあるので、それを外す

04 プレートの下にあるゴムのダイアフラムを取り外す。フルードが飛び散らないように気をつけよう

05 液面の高さを確認。作業後の液面はパッド同時交換時は印線まで、非交換時は現状の高さにする

06 スポイト等を使い、リザーバータンク内のフルードをできるだけ吸い取っておく

07 新しいフルードを補充する。多少揺れても漏れない程度で多めに入れておこう

08 ブレーキキャリパーに移り、ゴムキャップを外したブリーダーボルトに透明な耐油ホースを取り付ける

09 ホース先に液を受けるタンクを付けてブレーキレバーをいっぱいに握った状態を維持する

10 ホースからフルードが出るまでブリーダーボルトを緩めたらすぐ締め、ブレーキレバーを離す

11 リザーバータンク内が空にならないよう注意しながら09と10を繰り返しフルードを入れ替える

レバーのタッチが出ないなら
エア抜きをする

レバーのタッチがスカスカ＝ブレーキ内にエアが入った場合、ホースから排出される液に気泡が混じる。エア抜き作業はこの気泡が無くなるまで「タッチが固くなるまで数回握る」と10の作業を繰り返す

12 タンク内の液面が下がるとダイアフラム中心部が飛び出てくるので、平らな状態に戻しておく

13 復元したダイアフラムに付着したフルードや汚れをクリーニングしておく

14 突起をはめるようにしてプレートをダイアフラムに取り付ける

15 合わせた2つのパーツをリザーバータンクに隙間なく取り付ける

16 フタをセットし、プラスビスで固定する。改めてブレーキが正常作動するか確認しておく

リア

リアのリザーバータンクはカバーされているので、まず5mm六角レンチでボルトを外し、カバーを取り外す。カバーを外すとタンクもフリーになるので、手前に引き出しておく

01

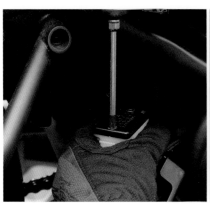

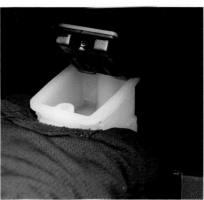

タンクをしっかり保持しながら固定ビス2本をプラスドライバーで抜き取り、フタを取り外す

02

フロントと同じ要領でフルードを入れ替えていく。ブリーダーボルトを操作するレンチは、フロントが10mmなのに対し8mmとなっている

03

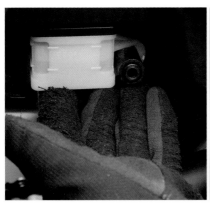

フルード入れ替え後、タンクにフタを取り付ける。それから車体にセットし、黒いカラーを間に入れながらカバーを取り付けボルト留めすれば作業完了だ

04

冷却水の交換

エンジンを冷却するためラジエターとエンジンを循環する冷却水は、2年毎の交換が指定されている。エア抜きが重要になる作業だ。

01 冷却水を排出する。下に受け皿を用意しつつ、矢印のドレンボルトを8mmレンチで外す

02 ドレンボルトにはシールワッシャが使われているので、新品に交換する

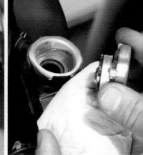

03 回り止めのビスをプラスドライバーで外し、ラジエターキャップを外す。この時初めて冷却水が排出される

ラジエターキャップには圧力を維持するゴムのシールが2ヵ所あるので、傷んでいないかチェックし、それが認められたら交換しておくこと。またリザーバータンク内の冷却水も排出しておく

04

ドレンボルトを取り付け、新しい冷却水を口いっぱいにまで入れる

05

エア抜きをして冷却水通路から空気を抜く

冷却水を入れただけだと、入り組んだ冷却水通路に空気が残り、冷却性能が充分発揮できない。そこで必要になるのがエア抜きだ。冷却水を入れたらエンジンを始動させ、内蔵のウォーターポンプで通路内に冷却水を循環させる。すると空気が泡となって注入口から抜けて液面が低下していく。適宜冷却水を補充しながら、泡が出なくなるまでそれを続ける。冷却水はある程度温まらないとラジエターに循環しないので、泡が出ないとしても10分程度はアイドリングさせること。

06 エア抜き後、冷却水を口いっぱいまで補充したらキャップを取り付け、回り止めのビスを締め込む

07 リザーバータンクに、アッパーラインまで新しい冷却水を入れれば作業完了

スパークプラグの交換

ガソリンに火を着けるスパークプラグ。長寿命プラグが使われているレブル250では、交換サイクルが 40,000km と長くなっていて、交換頻度は高くない。

01 シリンダーヘッド上部へのアクセスは良好で、プラグ交換において特別外す部品は無い

プラグキャップを外す。接触不良の恐れがあるのでコード部分ではなくキャップ本体を持ちつつ上に引き抜く。写真右のように、プラグキャップはかなり長い物が使われている

02

03 プラグホール内にゴミがあると燃焼室内に落ちるので、高圧空気で吹き飛ばしておくと安心だ

Point

04 プラグレンチを差し込むがフレキシブルジョイントを付けないと差込時フレームに干渉する

プラグレンチ（プラグが奥まった位置にあるので柄が長いものが必要）がプラグにしっかり差さったことを確認し、プラグを緩めて取り外す

05

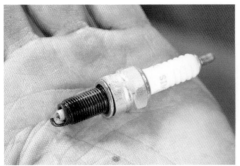

06 使用プラグは NGK の SIMR8A9 が指定されている。電極にイリジウムを使った長寿命プラグだ

07 手では届かないのでプラグレンチに取り付けた状態でプラグをエンジンに差し込んでいく

08 ハンドルを付けず手でプラグを止まるまでねじ込んだらハンドルを付け 15～20N・m のトルクで締める

09 プラグと噛み合うカチッとした手応えがするまでプラグキャップを押して取り付ける

クラッチの遊び調整

レブル250のクラッチはケーブル式で、つながる位置＝遊びの調整が可能となっている。不適切な調整をすると危険なので、充分確認しながら作業すること。

01 クラッチは2ヵ所で調整ができる。まずはレバー側の調整を紹介する

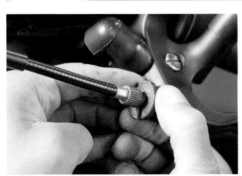

02 レバーの根元付近にあるロックナットを緩める（写真の向きなら上に回す）

03 アジャスターを回し調整する。ねじ込むと遊びは増える（より握らないとクラッチが切れない）

調整をしたら乗る前に必ず動作を確認する。エンジンを始動し、ブレーキをかけた状態でクラッチレバーを握りギアを入れる。遊びが大きすぎてクラッチが切りきれていない場合はエンストする **04**

05 調整を終えたらアジャスターを押さえながらロックナットを動かなくなるまで締める

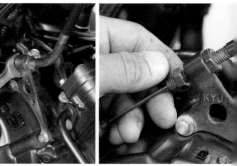

06 レバー側で調整しきれないならエンジン側で調整する。ロックナットを12mmレンチで充分に緩める

07 14mmレンチで調整ナットを回し遊びを調整する（この時、レバー側アジャスターは中間位置にする）

08 調整ナットが動かないよう固定しつつ、ロックナットを締め込んでロックする

灯火類のバルブ交換

2019年式以前のモデルは、灯火類に白熱バルブを使用しており、バルブ切れ時には交換が必要となる。ここではそれらの交換手順を紹介していく。

ヘッドライト

01 ヘッドライトケースとヘッドライトユニットを固定しているボルト2本を5mm六角レンチで外す

02 ヘッドライトケースを後方へずらしヘッドライトユニットから分離したら、配線等を避けて車体から外す

03 ヘッドライトバルブに差し込まれたカプラーを引き抜く

04 ライトバルブ付近を覆っているラバーカバーを取り外す

05 ヘッドライトバルブは針金で固定される。この針金は上側にロックがあり、下側を軸にして動かす構造

06 針金状のロックの先端部を時計回りに動かし、ライトユニットの切り欠きを通過させてから写真中のように持ち上げ、ライトバルブに掛からない状態にする。そしてバルブを取り外す

07 取り付けられていたバルブを確認しておく。レブル250はH4タイプの12V60/55Wを使っている

Point

08 ガラス部に素手で触ると手脂が付き、焼けたり割れたりするので、ウエス等で清掃しておく

09 ライトユニットの切り欠きに合わせてバルブを差し込み、ロックを使い固定する

10 方向を示す印を合わせながら、隙間ができないようカバーを取り付ける

11 カプラーを、ぐらつかないようしっかり奥までバルブに差し込む

12 配線等を避け、取り付けボルト穴を合わせながらヘッドライトケースを取り付ける

13 ボルト2本でヘッドライトケースを固定する。ボルトが差さらない場合、ケースの位置を調整する

14 ハイとロー、いずれも正常に点灯するかを確認すれば交換作業は終わりだ

フロントウインカー

01 ウインカー本体下、写真の位置にあるレンズ固定ビスをプラスドライバーで抜き取る

02 車体外側に爪があるので、それを支点に固定ビス側を持ち上げるようにしてウインカーレンズを分離する

03 ウインカーのバルブは口金タイプが使用されている

04 バルブを押し込んだ状態で回転させ、ロックを解除した後、バルブを取り外す

05 フロントウインカーには12V21/5W規格のバルブが使われている

06 このバルブはダブル球なので側面の突起が段違いとなり、正しい向きでないと固定ができない

07 防水用のゴム紐のようなシールガスケットが用いられているので、レンズの収まる溝に収めておく

08 溝とピンの位置を合わせバルブを止まるまで押し込み、回転してロックする

09 ロックが掛からない場合、バルブの向きを変えて再装着。ガラス面の手脂等を拭き取る

10 ウインカーレンズ端にある爪をウインカー本体の切り欠きに差し込んだ後、車体中央側を閉じる

11 レンズが浮かないよう押さえながら、固定ビスでレンズを固定する

リアウインカー

01 レンズの車体中央寄りにある固定ビスをプラスドライバーで外す

02 ウインカーレンズを外したら、バルブを押しながら回してロックを解除した後で取り外す

03 リアウインカーのバルブは12V21Wのシングル球を使用する。取り付け時の向きは無い

04 バルブを押し回しして取り付け、ガラスに付着した手脂を拭き取る

05 レンズ取り外し時に外れてしまいやすいシールガスケットを、先の細いもので溝に戻す

06 フロントと同じ手順でウインカーレンズを装着。動作確認をすれば完了となる

テールランプ

01 固定用のプラスビス2本を抜き取り、テールランプのレンズを手前に引いて外す

バルブを押し込みながら回転させるとロックが外れるので、手前に引いて取り外す

02

03 テールランプのバルブは12V21/5W規格のダブル球が使用されている

04 ピンは段違いで、このピンをソケット側の縦溝（いずれも横溝がありその高さが異なる）に合わせて取り付ける

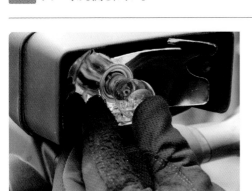

05 一旦止まったところから更に押し込んだ状態で回転させるとバルブはロックされる

06 汚れにより光が遮られ暗くなっていることがあるので、レンズの内外を清掃しておく

レンズをテールランプ本体にセットし、一番奥まで差し込んだら、プラスビスで固定。ポジションランプ、ブレーキランプ共に点灯することを確認する

07

SHOP INFORMATION

当コーナーの取材において、高い技術力を持つショップや、レンタルバイク会社にご協力いただいたので、ここで紹介していこう。

整備を安心して頼める大型正規店

菊池秀樹 氏
豊富な経験を持つ同店の工場長として、メンテナンスを取り仕切る一方、顧客対応も担当している。モトクロスレースの経験もあり、現在の愛車はCRF250Lとのこと

横浜市旭区、保土ヶ谷バイパス下川井ICや横浜ズーラシアが至近の国道16号沿いに位置するのが、ホンダドリーム横浜旭だ。いうまでもなく、ホンダドリームはホンダ製バイクの専門店であり、250cc以上のモデルを中心に多数の新車を展示販売している。特にこの横浜旭は大型の店舗を誇っているので、在庫する車両数は圧倒的だ。

大型正規店として、車両が購入できるだけでなくそのメンテナンスも当然受け付けていて、高いレベルで愛車を修理・調整をしてもらえる。その安心感、信頼性から取材時も多くのライダーが訪れていたほど。系列店合同でのツーリングも実施しており、オートバイライフ全般をサポートしてくれる。

遠くからでも存在感を放つ大型店舗の中には、新車はもちろん中古車も数多く展示されている。広く整理が行き届いた整備スペースが完備され、高いレベルの整備がされている

ホンダドリーム横浜旭
神奈川県横浜市旭区都岡町11-3　Tel 045-958-0711
営業時間 10:30〜18:00　定休日 水曜、第一、最終週を除く火曜
URL : https://www.dream-tokyo.co.jp/shop_asahi/

国産車やハーレーの整備はおまかせ

鈴木良邦 氏

ヤマハ正規販売店で経験を積み、整備やカスタムの優れた腕前を持つ。スポーツランの経験も豊富

　ブレーキ周り等の取材を担当してくれた同店は、国産スポーツ車やハーレーの整備やカスタムを得意としている。車両販売も手掛けていて、お客さんの好みに合った車両を手配してくれる。不在が多いので来店時は事前に連絡するようにしよう。

スピードハウス

埼玉県入間市宮寺2218-3　Tel 04-2936-7930

営業時間 11:00〜19:00　定休日　水曜・木曜

レンタルバイクの全国ネットワーク

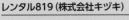

レンタル819（株式会社キヅキ）

受付センター Tel 050-6861-5819

URL　https://www.rental819.com

　モデル車であるレブル250（'17〜'19年型）をお借りしたのはレンタル819ブランドで知られる株式会社キヅキだ。幅広い車種を全国各地で、気軽にレンタルできる。申込みは同社ウェブサイトから可能で、例えばレブル250ならレンタル費用は24時間利用で任意保険料込14,100円となっている。

吸排気チューニングでグレードアップ

シングルながら元気なレブル250のエンジン。それを更にグレードアップする、人気の吸排気パーツをピックアップする。

レオヴィンチのマフラーはスリップオンで、レブルの300、500用だが、国内販売モデルである250にも装着可能だ

品質の高さで人気のレオヴィンチマフラー

レオヴィンチは1954年創業のイタリア・シトー社によって開発されたマフラーブランドだ。長年レースの世界で活躍したことでも知られる。そのためレーシーなイメージが強いが、現在のレオヴィンチはシトー社の手を離れラインナップを一新。公道でいかに安全かつ高性能なマフラーであるかを第一に開発が行なわれている。

もちろんそれには培われたレースのノウハウが投入されており、性能面もバッチリ。一方、海外ブランドマフラーで不安な音量面も、日本国内と同等の規制値をクリアしたことを証明するeマーク取得済み。購入はJAM PSDのウェブサイト、またはWebikcからすることができる。

1. テーパーデザインでアーバンレーサースタイルにマッチするクラシックレーサーサイレンサー。これは高温に非常に強いセラミック塗装でマットブラック仕上げにしたブラックエディション。¥85,470　2. エンドにステンレスメッシュを持つ独特なデザインが個性を生むレース直系のLV-10サイレンサーブラックエディション　¥60,390　3. レースで培われたノウハウを元に開発されたLV-10フルブラックサイレンサー　¥60,390

JAM取り扱いのレオヴィンチのマフラーは、欧州連合司令適合品表示であるeマークが付いている。eマークのあるマフラーは、騒音基準に適合するものとして国土交通省から認められている

日本販売元であるJAM PSDから販売されているレオヴィンチマフラーには車検受験に必要な構造・検査資料書類が付属し、正規品であることを示すシリアルナンバーが付記されている

手軽に走りを変える
ラピッドバイクイージー

　JAM PSD扱いの製品として広く知られるものの1つにディムスポーツ社のラピッドバイクがある。これはエンジンに供給される空気とガソリンの比率、空燃比等を調整するコントローラーだ。ラピッドバイクにはいくつかの種類があるが、'19年モデルまでに対応するラピッドバイク・イージーは簡単に装着でき、セッティング用ソフトウェア操作も不要。それでいて空燃比の最適化によってトルクとパワーがアップし、低中回転域でより力強くて楽しいライディングを楽しむことができる。

カプラーオンで容易に取り付けができるラピッドバイク・イージー。本体に設けられたダイヤルを操作することで、空燃比のセッティング変更ができる。定価は ¥30,250

Special thanks

高性能パーツを
多数取り扱う

　レオビンチ、ラピッドバイクはもちろん、ヴォスナー（ピストン）、HEL（ブレーキ）といった定評ある世界のカスタムパーツメーカーの代理店を務めるのがJAM PSD。各メーカー本社と密に連絡を取り合い共同開発もするなど、高い技術力を持つのも特徴。少人数で業務しているので問い合わせは問い合わせフォームからされたい。

成毛浄行 氏

国内有名マフラーメーカー等で経験を積んだ後に独立。特に吸気系チューニングには造詣が深い

JAM PSD

埼玉県川口市江戸1-8-9 JAM2F

Tel. 048-446-7982　URL https://jam-japan.sub.jp

営業時間 10:00〜18:00　定休日 火・、水・イベント日等

レブル250 カスタムメイキング

Rebel 250
CUSTOM MAKING

自らの手でいじることは、バイクの楽しみにおける大きな要素。特にカスタムとなれば、大いに心躍るはず。ここではそんな DIY カスタムに役立つ、人気パーツの取付工程を紹介する。愛車のカスタマイズの参考にしてほしい。

写真＝鶴身 健　Photographed by Ken Tsurumi

Special thanks

豊富なパーツを展開する スペシャルパーツ武川

取材にご協力いただいたのは、ミニバイクを中心に多数のカスタムパーツを展開し、その一部はホンダのアクセサリーカタログに掲載されているスペシャルパーツ武川だ。ドレスアップパーツ、実用パーツ、高度なチューニングパーツまで、そのジャンルの多彩さで多くの支持を得ている。

打田勇希 氏

スペシャルパーツ武川の実験部門に所属し、各種テストやコンプリートエンジン製作などを担当する

カスタムで機能性と
スタイルをアップ!

ミニバイク系の性能向上アイテムを中心に、多数のカスタムパーツを展開するSP武川ことスペシャルパーツ武川。その品質の高さはホンダのアクセサリーカタログに掲載されていることからも伺い知れる。当コーナーではそんなSP武川のアイテムを装着する工程を詳しく解説していく。カスタムの代名詞と言えるマフラーをはじめ、キャリアといった機能パーツにドレスアップパーツと多彩なのでDIYカスタムの参考にしてほしい。

1. トップケースにも対応したキャリア。簡単に装着できるのもアピールポイント　2. ルックス、サウンドとカスタムを大いに実感できるマフラー。スリップオンなので短時間で変更可能なアイテムでもある　3. レッグバンパー&シールドキットにフォグランプを組み合わせる。ロングツーリングでの快適性を向上しつつ、カスタム感を生み出すことができるアイテムだ。配線処理がポイントなので、解説ページを熟読してほしい

取り付けパーツ一覧

- ● リアキャリア
- ● サイドバッグサポート
- ● クランプバー
- ● ヘルメットホルダー
- ● マフラー
- ● ブレーキ・クラッチレバー
- ● シートカバー
- ● レッグバンパー&フォグランプ
- ● タコメーター
- ● スピードメーターコントローラー
- ● アジャスタブルステップ
- ● スクリーン
- ● エンジンドレスアップパーツ

リアキャリア&サイドバッグサポートの取り付け

ツーリングや普段使いに役立つリアキャリアとサイドバッグサポートを取り付けていく。

リアキャリア

車両のイメージを崩さずに実用性に優れたデザインを採用。トップケースにも対応する。最大積載重量10kg ¥20,680

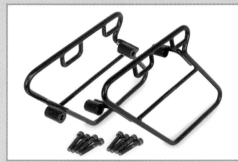

サイドバッグサポート

同社製ツーリングバッグ等を安全に取り付けられるアイテム。左右セットだが片方のみでも購入可能 ¥21,780

リアフェンダーとリアフレームアッシー（黒い部分）の固定ボルト、片側2本、計4本を6mm六角レンチで外す **01**

先程ボルトを外した穴に取り付け穴を合わせてリアキャリアをセットし、付属の固定ボルトを左右に差して仮止めする **02**

サイドバッグサポートを単独で装着する場合、02と同じ位置に付属するネジ部の長さ40mmのボルトを取り付ける **03**

併用時はキャリア、サポートの順に付け、ネジ部の長さ45mmのボルトを使用する。無理なく付いたら、22N・mのトルクで締め付ける（単独装着時も同様）**04**

左側のサイドバッグサポートも同様にして取り付ける **05**

クランプバーの取り付け

スマホホルダー等、ハンドルクランプの各種アクセサリーが付けられるクランプバーを取り付けていく。

マルチステーブラケットキット
ミラーホルダー部に取り付ける太さ 22.2mm のクランプバー。色はシルバーとブラックがある　　　¥5,280

今回は左側に取り付ける。最初に14mmレンチでミラーを外す。工具は下側のアダプターボルトに掛けて回すこと **01**

ミラーを外したら、ミラーと固定ボルト穴の間にブラケットステーを入れる。ステーは切り欠き部を後方にして取り付ける **02**

ブラケットステーが渋めに動く程度にミラーアダプターボルトをねじ込む **03**

Point

04 このキットを左ミラー部に付ける場合、ブラケットステー上部に付属のカラーを取り付ける

クランプステー内側にラバーをセットする **05**

クランプステーでパイプを挟んだら、付属ボルトでブラケットステーに仮付けする **06**

パイプの位置調整をする。パイプの端（エンドキャップを含む）とクランプまでの距離が約75mmになるようにする

07

使いやすい角度になるよう、ブラケットステー、クランプステーの向きを調整する

08

クランプステーの固定ボルトを5mm六角レンチで12N·mのトルクで本締め。パイプを保持しながら締めないとブラケットステーが変形するので注意

09

ブラケットステーを回り止めしながらミラーを工具で締め固定。ミラー直下の逆ネジナットを、上から見て時計回りに回して緩め、ミラーの角度を調整する

10

ヘルメットホルダーの取り付け

狭い場所でもヘルメットの固定が気軽にできる、ハンドル部に装着するヘルメットホルダーを取り付けていく。

ヘルメットホルダー
フロントブレーキマスターシリンダーホルダー部に取り付けるヘルメットホルダー。盗難抑止対策ボルト採用　¥4,620

01 付属セットスクリューのネジ山部分に中強度のネジロック剤を塗布し、3mm六角レンチで1.5N·mの締付けトルクを厳守して（それ以上で締めるとシャフトの動きが渋くなり破損するため）ヘルメットホルダー本体にねじ込む

間にカラーを
挟みつつ、付属
のボタンヘッド
スクリューでブ
ラケットとホル
ダーを接続する

04

05 04の一式をマスターシリンダーにセットし、上、下の順に
TH30レンチでボルトを締める。締め付けトルクは12N·m

マフラーの交換

**ルックス、サウンドが変化し満足度が高いマフラーカス
タム。簡単装着できるスリップオンマフラーを装着する。**

02 セットスクリューを一方の穴に通しながらホルダーステーを
ホルダーにセット。もう一方の穴に短い方のボタンヘッドスク
リュー(これもネジロック剤を塗る)を差し、TH30のトルクスレ
ンチで8N·mのトルクで締めホルダーとステーを固定する

ブレーキマス
ターシリンダー
の固定ボルトを
5mm六角レン
チで2本とも外
し、ブラケットを
取り外す

03

SSSマフラー
アメリカンスタイルのスリップオンマフラー。エンドはアルミ
削り出し製。安心の政府認証品だ　　　　　　¥63,800

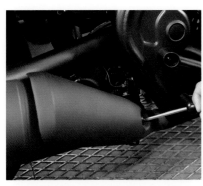

流用するので純正のヒートガードを外していく。まず前方にある固定ボルトを5mm六角レンチで外す

01

前方にスライドして固定用の爪を外してヒートガードを外す

02

Check

ヒートガードの裏面はこのようになっている。後部は爪2点による固定で、ガード側にはそれが入る受けがある

マフラー側の爪に取り付けられたラバーを2つとも取り外し保管しておく(ヒートガードと一緒に外れてしまう場合もある)

03

サイレンサー前部にあるバンドのボルトを12mmレンチで緩める。このバンドも流用するので、外しやすいようボルトは充分に緩めておくこと

04

05 2本の12mmレンチを使い、サイレンサーの固定ボルトを対となるナットを外してから抜き取る

後方に引いて純正サイレンサーを車体から外す

06

純正サイレンサーからバンドを抜き取る

07

取り付けるサイレンサーのエキゾーストパイプ接続部に筒状のガスケットを2個差し込む。ガスケットが表に出ないよう、奥まで差し込むこと

08

Point

09 サイレンサーの切り欠きに突起部を合わせつつ、純正バンドを止まるまで差し込む

サイレンサーをエキゾーストパイプに差し込む

10

純正のボルトとナットを使い、サイレンサーを車体に固定する。締め付けトルクは22N·m

11

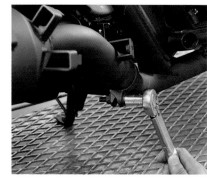

バンドのボルトも22N·mのトルクで締める

12

付属するサイレンサーヒートガードに付属のグロメットを取り付ける

13

14 ヒートガードをサイレンサーに取り付け、5mm 六角レンチでボルト留めする。締め付けトルクは10N·mだ

サイレンサー前部にある爪に先に外した純正のラバーを取り付ける。このラバーはストッパーがある方が裏側になるので気をつけよう **15**

爪が受けに入るよう、前から後ろにスライドさせるようにして純正ヒートガードをセットする **16**

17 ヒートガード前側を純正ボルトを使い固定する。規定締め付けトルクは10N・m。以上で装着作業は完了

作業後はエンジンを始動し正しく作業できたか確認する

ブレーキ・クラッチレバーの交換

スタイルと機能性をアップできるアルミ削り出しレバーとケーブルアジャスターの装着をしていこう。

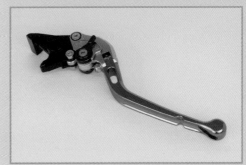

アルミビレットレバー　ブレーキレバー

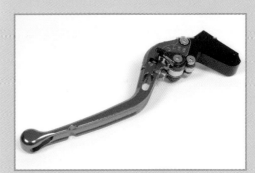

アルミビレットレバー　クラッチレバー
転倒時折損しにくい可倒式のアルミ削り出しのレバー。レバー位置を6段階に調整できる　　各¥18,480

ファットタイプ ケーブルアジャスター
ボルトとナットのつまみ部に幅をもたせ調整しやすくしたアイテム。カラーは5種類が用意されている　　¥1,650

比較的容易なブレーキ側から作業していく。マイナスドライバーでピボットスクリューを回り止めしつつ10mmレンチでピボットナットを緩めて外す **01**

02 マイナスドライバーでピボットスクリューを緩めて引き抜くと、ブレーキレバーを外すことができる

ビレットレバーをホルダーに取り付け、ピボットスクリューを差す **03**

マイナスドライバーを使い、締め付けトルク1N・mというごく弱い力でピボットスクリューを締め付ける **04**

05 そのままピボットスクリューを保持、回り止めしつつピボットナットを取り付け、5.9N・mのトルクで締める

クラッチレバー取り付けに移る。エンジン側アジャスターのナットを12mmと14mmのレンチで緩めロックを解除、上側のナットをさらに緩め遊びを増やす **06**

充分遊びを作ったら、クラッチアームからクラッチケーブルを外す

07

レバーを前に引き出したら、ケーブルを横溝に通しながらレバーを前に回転させた後、縦溝に沿ってケーブルをレバーから外す

10

ロックナットを緩めロックを解除後、アジャスターをレバーホルダーから取り外す。ロックナットとアジャスターの溝を揃え、そこからケーブルを外す

11

08 ブレーキ側と同じく、マイナスドライバーでピボットスクリューを回り止めしつつピボットナットを10mmレンチで外す

12 武川製アジャスターをケーブルに取り付け、レバーホルダーにねじ込む。調整代を確保するためねじ込みすぎないこと

マイナスドライバーで緩めてピボットスクリューを抜き取る

09

レバーの縦溝にケーブルを通しながら、タイコをレバーの保持部に収める

13

横溝にケーブルを通過させながらレバーをホルダーにセットしたら、ピボットスクリューを差し込む **14**

ピボットスクリューを1N・mで締め、ピボットナットを5.9N・mのトルクで締め付ける **15**

16 クラッチケーブルをクラッチアームに接続後、遊びを調整し（詳細はp.81参照）ロックナットで固定する

シートカバーの取り付け

手軽にイメージチェンジできるだけでなく、快適性もアップできる前後のシートカバーを取り付けていく。

クッションシートカバー　フロントシート用
デザイン性とクッション性に優れたシートカバーで、ノーマルシートに被せるだけの簡単装着　　　　　　　　¥5,280

クッションシートカバー　ピリオンシート用
ダイヤモンドステッチ付きのブラウン表皮採用のシートカバー。同色のベルトが付属する　　　　　　　　¥4,180

ピリオンシートから作業を進めていく。シート後端にある固定ボルトを6mm 六角レンチで外す **01**

シートとフェン
ダーの間には
カラーがあるの
で、紛失に注意

02

純正のシートベ
ルトを取り外す。
その下にある
シート固定用プ
レートもフリー
になるので、脱
落に気を付ける

05

03 前にスライドさせピリオンシートを外す。前部の固定は段付
きのカラ　が使われ、前にずらすとロックが外れる

シートベルトを
シートに固定し
ているナット2つ
を10mmレンチ
で外す

04

06 カバー取り付けの邪魔になるので、10mmレンチで固定ナッ
トを外し後部固定用プレートを取り外す

カバーにシート
を入れていく。
カバーが浮かな
いよう、シートを
しっかり奥まで
入れていくこと

07

Point

08 カバーを付けたら紐をしっかり引く。紐は折り返すのでは
なくクロスさせて引かないとカバーが切れるので注意

しっかり引いた紐を緩まないよう結んだら、シートとカバーの間に入れる

09

10 取り付けができた状態。カバーの色の変わり目とシート下端が一致するのが望ましい取り付け状態だ

付属のシートベルトを表裏に気をつけ取り付けたら、固定ナットを10N・mのトルクで締める

11

後部の取り付けステーを元通り取り付け、固定ナットを10N・mのトルクで締める

12

車体側の段付きカラーにシートを引っ掛け、後ろにスライドさせロック。正常にロックされ、シート前側が浮かないことを確認したら、後部取付部とフェンダーの間にカラーを入れた上でボルトを取り付け、22N・mのトルクで締めて固定する

13

14 続いてライダー側。シートのクッション部後端を持ち上げ固定ボルトを露出させ、5mm六角レンチで2本とも取り外す

15 シートは前側に爪があるので、後ろにスライドさせそれを解除しつつ上に取り外す

16 黒と茶の境目がシート下端部にくるようにしてシートカバーを被せる

17 カバーを取り付けたら、紐をクロスさせながらしっかり引いて紐の端を縛る

18 縛った紐の端は邪魔にならないよう、シートとカバーの間に入れ込む

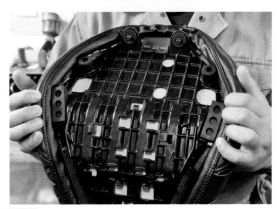

19 取り付け時に挟まないよう、カバーの端をシートの縁とゴムのクッションの間に押し込む

20 シート前側の爪を差してシートを車体にセット。固定ボルトを差したら、それを10N・mの締め付けトルクで留める

角の部分をピッタリ沿わせて
きれいなラインを作り出そう

レッグバンパーとフォグランプの取り付け

転倒時のダメージを低減するレッグバンパーと夜の走行に安心感を与えるフォグランプを装着していく。

レッグバンパー＆シールドキット
軽度な転倒時にダメージを低減。風防効果が得られる付属のシールドは4カラーをラインナップ　　　¥43,780

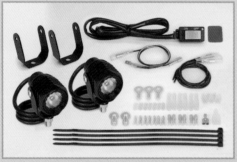

LED フォグランプキット 3.0
ヘッドライトの補助ランプ。これはレッグバンパー取り付け車用のキットとなる　　　　　　　　¥16,500

01 タンクを外す（フォグランプを付けない場合は不要）。シートを外した後、後端の固定ボルトを8mmの六角レンチで外す

Point

02 ボルトの下にはワッシャがある。タンク側に張り付いていて不意に落下、紛失の可能性があるので回収しておく

03 後端を持ち上げピンから抜いたら、間にウエス等を入れてから後ろにスライドさせ固定を解いてから少し上に持ち上げる

タンク左側の裏面、中程に取り付けられたホースを、抜け止めのクリップをずらしてから引き抜く **04**

逆側の底面にもホースがあるので抜いておく。こちらのホースにクリップは使われていない **05**

05で抜いた太い
ホースの奥にあ
る燃料ポンプ用
のカプラーを分
離する

06

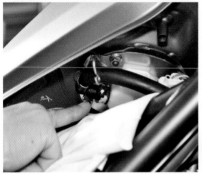

白い燃料ポンプ
の後側に燃料
ホースがある。
それをカプラー
から分割して外
していく。その
前にエンジンを
始動し、止まるま
で待ってホース
内の燃圧を抜く

07

Check

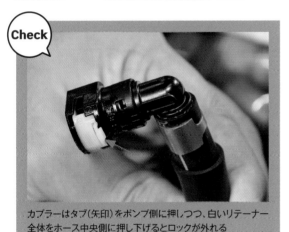

カプラーはタブ(矢印)をポンプ側に押しつつ、白いリテーナー
全体をホース中央側に押し下げるとロックが外れる

残ったガソリン
が漏れるので、
下にウエス等を
敷いた状態で燃
料ホースを取り
外す

08

接続されていた
物が全て取り外
せたのでタンク
を分離し、安定
した状態で保管
しておく

09

Point

10 外した燃料ホースの中にゴミが入らないよう先端をビ
ニール袋に入れ、テープで封をしておく

今後の作業でエ
ンジンマウント
ボルトを抜きや
すくするため、
エンジン下部を
ジャッキで支持
しておく

11

エンジンの前
側下はマウント
ボルトとナット
でフレームに固
定されている。
14mmレンチ2
本を使い、その
ナットを緩める

12

緩めたナットを外し、マウントボルトを引き抜く。ボルトが抜きづらい場合、スムーズに抜けるようになるまで少しずつジャッキを上げる **13**

レッグバンパーのマウントプレートがこちら。向かって右が右用となる **14**

マウントプレートは右側から取り付ける。穴の位置を合わせてフレームにセットしたら、キットのマウントボルトを通す **15**

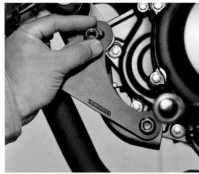

左用のプレートもセットしたら、ボルトに純正ナットを仮留めする。これでエンジンの位置はずれなくなったので、エンジンを通常位置で固定するため、ジャッキを外しておく **16**

17 レッグバンパーを右側から取り付けていく。まずバンパー下部をマウントプレートにボルトで仮留めする

バンパー上側とフレームとの間にラバーシートを巻きつける **18**

ラバーシートが
ずれないよう保
持しつつクラン
ププレートを取
り付け、ボルト
2本で仮留めす
る。ボルトはクラ
ンプとバンパー
の隙間が前後均
等になるように
すること

19

同じ手順で左側
のバンパーも仮
付け。左右とも
取付状態に無
理がないか確認
し、必要があれ
ば各部の位置を
微調整する

20

21 エンジンマウントのナットを、ボルトを回り止めしながら
45N・mのトルクで締める

22 バンパー上側のクランプのボルトを、クランプの前後の隙間
が等しくなるようにしつつ22N・mのトルクで締め付ける

バンパー下側の
ボルトも22N・
mのトルクで締
めておく

23

24 シールドを面ファスナーでバンパーに取り付ける。上、下、
側面の順で作業するとキレイに付けられる

フォグランプを付けない場合の処理

レッグバンパー単独で取り付ける場合の処理を紹介する。その場合、25以降の作業も不要になる。

シールドに設けられた大きな穴とバンパーの取り付け穴を一致させ、そこに付属のワッシャをセットする

ロゴの入ったワッシャをその上に取り付け、フランジボルトで固定。5mmの六角レンチを使って締め付けトルク15N・mで締め付ければ終了だ

25 フォグランプを取り付けていく。キットのステーにボルトとワッシャを写真のように取り付ける

26 ステーをバンパーに仮付けする。ステーは先端が上を向くこの向きで取り付ける

各配線の加工

フォグランプキットでは各配線に端子を取り付ける必要がある。接触不良等起こさないよう、確実に作業していこう。

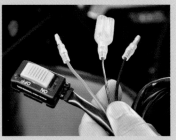

フォグランプ本体の2本の線にオスのギボシ端子を取り付ける

3本あるアース線（フォグランプ用2本、スイッチ用1本）に丸端子を取り付ける

スイッチの緑線と赤線（写真は試作品なので黒色）にオスのギボシ端子、黒白線にダブルのメスギボシ端子を付ける

スイッチ本体の
裏面に両面テープを貼り、ハンドルを左右一杯に切ってもタンク等に干渉しない適所に貼る。今回はトップブリッジの後ろ側面に設置した

27

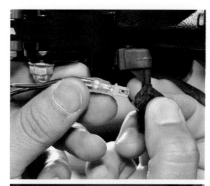

キット付属の電源オプションコードを外した端子とスイッチの間に割り込ませる

29

Point

配線の設置は確認が大切

フロント足周りやハンドル周囲に配線を設置する場合、ハンドルを左右に切ったりフロントフォークが伸び縮みしても配線が当たらないか、長さが足りず、引っ張られて切れる恐れがないか、充分確認すること。

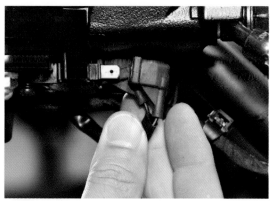

28 電源を取るため、マスターシリンダー下面にあるブレーキスイッチにつながる黒青線の端子を取り外す

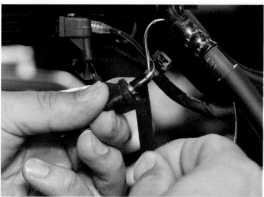

30 防水と抜け止めのため、純正の端子と電源オプションコードの端子の接続部にハーネステープを巻く

113

電源オプションコードとスイッチの配線をタンク下のスペースに取り回しておく

31

電源オプションコードとスイッチ配線の赤線を接続する

32

33 上の写真位置にあるウインカーリレーの固定ボルト1本を抜き、そこに3本のアースコードを取り付けてアースを取る

スイッチ配線の緑線とアース線を接続する

34

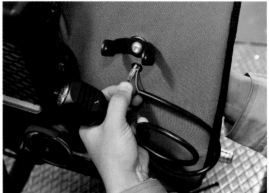

35 フォグランプの配線を前側からシールドの穴に通し、ステーにフォグランプを仮止めする

フォグランプの配線を車体の隙間を通してタンク下のスペースに取り回す

36

フォグランプの黒線をアース線に、赤線をスイッチのダブルのメス端子に接続する

37

38 車両のメインスイッチとキットのスイッチをONにし、点灯を確認。問題なければ照射方向を調整する

フォグランプとステーを跨ぐようにマスキングテープを貼り、印線を両者を跨ぐよう書いたら、テープがずれないよう気をつけつつ境目に沿ってテープを切る

39

一旦フォグランプを取り外し、ステー固定ボルトを位置がずれないようにして5mm六角レンチで15N·mのトルクで締め固定する

40

フォグランプを39の印に合わせて再度取り付け、4mm六角レンチで固定ボルトを8N·mのトルクで締め付ける。以上の作業を逆側でも実施する

41

タンクを戻していく。U字側の受けをフレームにある丸いゴムに差し込んだら、後ろ側を持ち上げておく

42

燃料ポンプに燃料ホースを差し込む。カチッという手応えがし、ロックが掛かるまで差し込むように

43

向きに気をつけ燃料ポンプにカプラーを接続する。これも奥までしっかり差し込みロックさせること

44

底面から生えたパイプにホースを差し込む

45

左側に移り、細いホースをパイプに差し、クリップで抜け止めをする

46

フレームのピンにタンク後端の穴を通したら、ワッシャとボルトをセット。そのボルトを22N・mのトルクで締めて固定する

47

シートを取り付ければ完成だ

48

タコメーターの取り付け

走行時の気分が盛り上がる多機能タコメーターを取り付ける。タンクの脱着手順は前項を参照されたい。

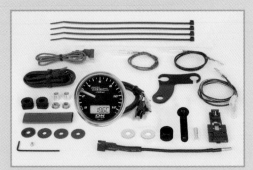

φ48スモールDNタコメーターキット
エンジン回転数だけでなく、最高回転記録機能、時計等の表示も可能なハンドル部に取り付けるタコメーター　¥26,400

01 メーターマウントステーにクッションラバーを差し込み、その中心の穴にクッションカラーを入れる

メーター裏面から伸びるスクリューにワッシャを付ける

02

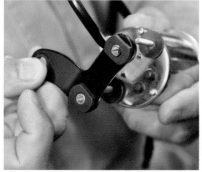

メーターマウントステーをメーターにセットする。向きに注意すること

03

ステーから出たスクリューにワッシャを取り付け

04

スクリューに付属のフランジナットを取り付ける

05

7mmレンチを使いフランジナットを5N·mのトルクで締め込み、メーターとステーを固定する

06

07 今後の作業に備え、純正メーターを外す。車体前側にある固定ボルト2本を5mm六角レンチで抜き取る

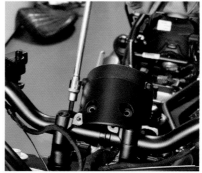

メーターをずらして右ハンドルクランプを露出させ、その固定ボルトの後ろ側を6mm六角レンチである程度緩める

08

次に前側のボルトを緩めて取り外す

09

クランプにある凹みに付属のカラーを入れる

10

カラーの上にメーターをセットし、付属のボルトで仮留めする

11

タコメーターの位置調整のため、純正メーターを元の位置に戻し、タコメーター側のボルトだけを純正メーターが動かない程度に仮留めしておく

12

Point

13 純正メーター側面のボタンが無理なく操作できる位置にタコメーターを調整する

再びボルトを抜き取り純正メーターを避けたら、メーターとクランプを留めているボルトを5mm六角レンチを用い27N·mで締め、次に後ろのクランプボルトを6mm六角レンチにより同トルクで締める

14

純正メーターを元に戻し、固定ボルトを10N·mのトルクで締め、固定する

15

16 ハーネスの結線をしていく。タンクを取り外したら、透明なラバーブーツをバンドを解いてフリーにする

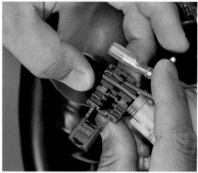

19 エレクトロタップで赤白線とキット付属の電源ハーネス（一方の端にメスのギボシ端子が付いている）を接続する

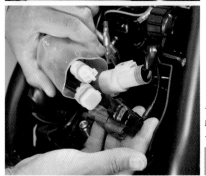

ラバーブーツに収められたカプラーを取り出す

17

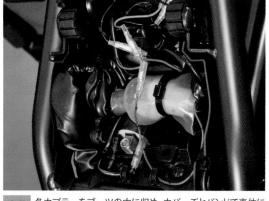

20 各カプラーをブーツの中に収め、カバーごとバンドで車体に固定する。カバーから伸びた赤い線が電源ハーネスだ

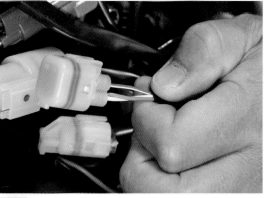

18 白色4Pカプラーの黒被覆をずらし、赤白線を露出させる

21 透明なブーツの下にイグニッションコイルがあるので、それにつながる青黄線を外し、その端子にキット付属の茶コードを接続する

茶コードのもう一方は、イグニッションコイルに接続する。タコメーターと接続するこの線は、誤作動の恐れがあるのでコイルと接触しないように配置する

22

付属のアース線を丸端子側でウインカーリレーの固定ボルトに共締めしアースを取る。保護スリーブを上向きにすると、そこに水が貯まる可能性が減る

23

先に取り付けた電源ハーネスと付属のサブハーネスの赤線を接続する

24

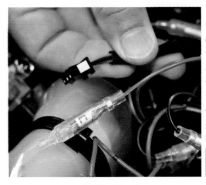

サブハーネスの赤線にはオプション用のメスギボシがあるが今回は使用しないので、オス端子用スリーブを差すなどして絶縁しておく

25

p.113を参考に電源オプションコードを取り付け、それをサブハーネス黒線と繋げる。フォグランプキットを取り付けている場合は、フォグランプキットのスイッチ配線を外す

26

サブハーネスの黒線にはメスギボシも繋がれているので、フォグランプを併用する場合は、そこにフォグランプ電源となるスイッチ配線の黒線を接続する

27

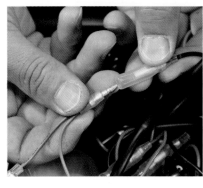

サブハーネスの緑線はアース線に接続する

28

メーターのハーネスをハンドルを左右に切っても問題ないか確認しながらタンク下に導き、カプラーでサブハーネスと接続する **29**

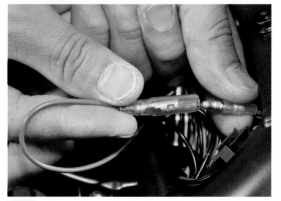

30 21・22で接続した茶線を、タコメーターから伸びる同色線のオスギボシ端子に繋げる

31 タンク取り付け時に干渉しないよう、取り付けた線を適宜収めておく

油温計の取り付け

SP武川製のドレンボルトを装着していると、付属の温度センサーを取り付けて油温の表示が可能となる。ここではそのセンサーの取り付け手順を説明する。

マグネット付きドレンボルト
エンジンオイル内の鉄粉を吸着できる強力マグネット付き。同社製スティック温度センサー差し込み穴付き
¥2,200

エンジンオイルを抜いたらガスケットワッシャを併用して武川製ドレンボルトを取り付け、オイルを規定量入れる

温度センサーを差し1.5mmの六角レンチでロック剤を塗ったセットスクリューをセンサーに軽く縦傷が付く程度に締める

各部への干渉に気をつけタンク下までハーネスを通し、メーターのハーネスにある2Pカプラーに繋げる

タンクを取り付け、バイクのメインスイッチをONにしタコメーターが動作するか確認する。正常なら温度が表示される（センサー未接続は---.-℃表示）

32

タコメーターを設定する。設定は裏面にあるボタンで行なう。タコメーターの文字盤側から見て右がRボタン、左がLボタンとなる

33

温度表示画面でLボタンを長押し（3秒）するとADJモードになり「rP-IG」か「rP-PC」と表示される。Rボタンで切り替わるので「rP-IG」を選択する

34

Lボタンを短押しするとRPM信号回数設定となり、「rP-」の後ろが0.5、もしくは1〜6の数字になる。これが0.5になるまでRボタンを押す

35

36 マニュアルを参照し、RPM信号種類を「HI」に、最低回転設定を「500r」にし、時計のON/OFF等の設定をする

スピードメーターコントローラーの取り付け

スマホでずれてしまったメーターの速度表示を補正できるコントローラーを取り付けていく。

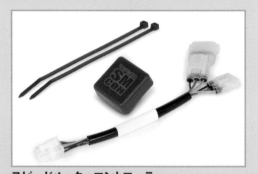

スピードメーターコントローラー
スプロケットの丁数やタイヤサイズ変更時でずれてしまう速度表示を補正できるコントローラー　　　　　¥20,350

右のサイドカバーをまっすぐ引いて外す

01

固定用の突起とグロメットは丸印の位置にある。脱着の際に力を掛けるポイントなので確認しておきたい

カプラーをブーツ内に入れブーツを元の位置に戻したら、サブハーネスをフレームの後ろを抜けつつ、カプラー先端が上を向くようサイドカバー裏へ通す

04

黒いラバーブーツの中に入ったカプラーを操作していく

02

サブハーネスとコントローラー本体を接続。結束バンドで固定したらサイドカバーを元に戻す

05

ラバーブーツをずらし車速センサーにつながる白い3Pカプラーを出したら、それを分割して間に付属のサブハーネスを割り込ませる

03

コントローラーの設定

設定はSP武川のウェブサイトからダウンロードするスマホの専用アプリ（有料）で行なう。

Bluetoothで接続すると、前後のスプロケット丁数とリアタイヤ外径、センサーギア歯数の設定が可能になる

アジャスタブルステップの取り付け

足元のポジションを手軽かつ細かく調整することができるステップキットの取り付け手順を紹介していく。

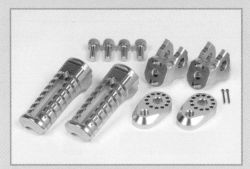

アジャスタブルステップ
アルミ削り出しのステップキットで、上下の変化量を増やしすぎない7ポジションから選択可能　　　　　¥18,480

ノーマルのステップを外すため、ジョイントピンに差し込まれた割りピンを抜き、ワッシャも取り外す **01**

ステップを動かないよう保持しつつジョイントピンを引き抜く **02**

ステップを取り外し、それからリターンスプリングを分離する **03**

リターンスプリングを、直角に曲げられた端を掛けてステップブラケットAにセットする **04**

スプリングのもう一方の端をステップホルダーの溝に入れながらブラケットをセットし、ジョイントピンで接続する。左右を間違えないこと **05**

ジョイントピンの先にワッシャをセットする **06**

07 ジョイントピンの穴に新品の割りピンを通し、その端をラジオペンチでピンに沿わせるように曲げる

正しく割りピン
が取り付けられ
た状態
08

好みの角度を決
めたらピンを穴
に通してステッ
プブラケット B
にセットする
09

10 付属の固定ボルトを差し、6mmの六角ボルトを使い20N・m
のトルクで締め付け固定する

取扱説明書の図
に従って位置を
決め、ブラケッ
ト B にステップ
バーをセットす
る。こちらの位
置決め用ピンは
1本
11

位置が決まった
らステップを支
えながら固定用
ボルトを差す
12

13 6mmの六角レンチを使って、固定ボルトを20N・mのトルクで締め付ける

上側クランプをセットし（取り付けボルト穴が太い方を後ろにする）、その後ろ側の穴にアームクランプAを差し込んでから固定ボルトを前後均等に仮締めする

02

アームクランプAにアーム固定用のボルト（ネジ部の直径6mm、長さ12mm）をアームが通る穴に飛び出ない程度にねじ込んでおく

03

スクリーンの取り付け

ツーリング時の快適性を上げるスクリーンを取り付ける。各部の角度調整がポイントになってくる。

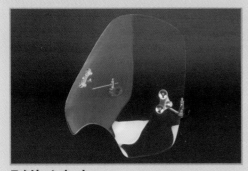

スクリーンキット
高さ430mm、幅440mmのシンプル形状なスクリーンをハンドルクランプで固定するキット　　　¥16,280

逆側にも同様にしてクランプを取り付ける。繰り返すが、角度が変えられるようボルトは仮留めとすること

04

下側ハンドルクランプ（取り付けボルト穴の太さが前後で同じ）を、固定ボルト（前用は長さ25mm、後ろ用は30mm）を差した状態でハンドルにあてがう

01

05 スクリーンにある穴にラバーグロメットを取り付ける

アームの溝があ
る方に、アーム
クランプ B を
差し込む。溝と
クランプの穴の
位置を揃え、そ
こにネジ部の直
径 6mm、長 さ
20mm のボルト
を差す

06

09 同じ手順でもう 1 セット作る。アームとクランプ B の位置関
係が左右対称になるようにすること

取り付けたアー
ムクランプ B に
プレート状のス
テーを合わせる

07

05 で取り付けた
グロメットに、サ
ンドイッチする
ようにして 2 つ
のリテーナーを
取り付ける

10

お互いの直線部
を合わせながら
ロックナットをス
テーの穴に取り
付ける

11

08 ステーの穴は直線部があるので、それに突起部の直線部を
合わせてロックナットをはめ、ボルトで仮留めする

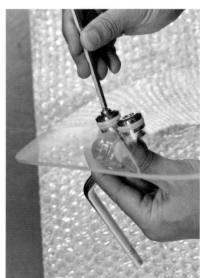

ネ ジ 部 の 直
径 6mm、長 さ
12mm のボルト
を使い、スクリー
ンとステーを留
め 5mm 六角レ
ンチを使い本締
め固定する。締
め過ぎによる破
損に注意

12

127

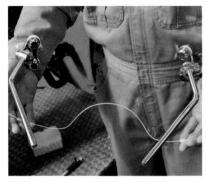

もう一方のアームもスクリーンに取り付ける

13

Point

14 不意に動いて車体やスクリーンが傷付かないようヘッドライト周辺をウエス等で養生しておく

ハンドルクランプのアームクランプAに左右のアームを差し込む

15

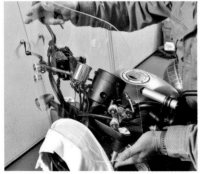

好みの取り付け状態になるよう、アームとアームクランプBの角度、ハンドルクランプおよびアームクランプBの角度、アームの差し込み具合を調整する

16

仮留めしていた各ボルトを5mm六角レンチを使い12N・mのトルクで本締めすれば完成

17

エンジンドレスアップパーツの取り付け

エンジンの左右を手軽に、かつさり気なくドレスアップするアルミ削り出しパーツを取り付けていく。

ジェネレータープラグセット
サービスホールキャップとタイミングホールキャップのセットで、カラーは写真の3種類から選べる　　　　¥5,170

オイルフィラーキャップ
シルバー、レッド、ブラックから選べるアルミ削り出し製オイルフィラーキャップ。Oリング付属　　　　¥2,750

01 まず左側から。コインドライバーを使い、純正のタイミングホールキャップとサービスホールキャップを取り外す

02 付属のOリングを取り付けてから、2つのホールキャップを取り付ける

03 タイミングホールキャップを6mm六角レンチを使い6N・mで締め付ける

04 サービスホールキャップは10mmの六角レンチを用い8N・mのトルクで締める

05 続いてエンジン右側。純正のフィラーキャップを取り外す

06 付属Oリングを取り付けたSP武川製のフィラーキャップをエンジンにセットする

07 17mmレンチで軽めに（8N・m程度）で締める。強く締めすぎると外れなくなるので注意すること

レブル250 カスタムパーツカタログ

Rebel 250
CUSTOM PARTS
CATALOG

ノーマルがすでにカスタムスタイルと言えるレブル。ただやはりそのままでは個性を発揮しにくい。ここでは愛車を自分だけの1台に仕上げるカスタムパーツを掲載する。

Shop list

アールケー・ジャパン	https://mc.rk-japan.co.jp/	
アールズ・ギア	https://www.rsgear.co.jp	0120-737-818
アクティブ	http://www.acv.co.jp/00_index/index.html	0561-72-7011
旭精器製作所	http://www.af-asahi.co.jp/	03-3853-1211
アルキャンハンズ（山崎技研工業）	http://alcanhands.co.jp/	072-271-6821
ウイルズウィン	https://wiruswin.com	0120-819-182
エヌアールディー	https://www.puig.jp	06-6130-7000
江沼チエン製作所	http://www.enuma.co.jp	052-221-8451
エンデュランス	https://endurance-parts.com/	support@endurance.co.jp
オーヴァーレーシングプロジェクツ	https://www.over.co.jp	059-379-0037
ガレージT&F	http://www.garage-tf.info	0562-46-3669
キジマ	https://www.tk-kijima.co.jp/	03-3897-2228
キタコ	https://www.kitaco.co.jp	06-6783-5311
グッズ	https://www.goods-co.net	06-6865-4000
ケイファクトリー	http://www.k-factory.com	072-924-3967
サンスター（国美コマース）	https://www.sunstar-kc.jp	045-948-4551
スペシャルパーツ忠男	https://www.sptadao.co.jp	03-3845-2010
スペシャルパーツ武川	http://www.takegawa.co.jp	0721-25-1357
大同工業	https://didmc.com	06-6251-2028
TCW（マジカルレーシング）	http://www.magicalracing.co.jp/TCW/	072-977-2312
デイトナ	https://www.daytona.co.jp/	0120-60-4955
ハリケーン	http://www.hurricane-web.jp	06-6781-8381
プロテック	https://www.protec-products.co.jp/	044-870-5001
プロト	http://www.plotonline.com	0566-36-0456
モリワキ	http://www.moriwaki.co.jp/	059-370-0090
ヤマモトレーシング	http://www.yamamoto-eng.co.jp	0595-24-5632

Exhaust
マフラー

スタイル、サウンド、走行フィールとバイクを楽しむ上で重要なポイントが変化するマフラー。各社の力作を紹介していくことにしよう。

SSSマフラー
アメリカンスタイルモチーフのスリップオンマフラー。キャタライザー内蔵の政府認証品。エンドキャップはアルミ削り出しとする
スペシャルパーツ武川　¥63,800

メガホンタイプマフラー ブラックエンド
ブラック仕上げのアルミ削り出しテールコーンを採用したスリップオンマフラー。純正比約1/2の軽さもメリット
デイトナ　¥57,200

スチール製スリップオンマフラー
車体にマッチしたデザインが魅力のスチール製スリップオンマフラー。安心のJMCA認定品で重量は約2.4kg
ケイファクトリー　¥49,500

メガホンタイプマフラー シルバーエンド
ブラックボディにシルバーのアルミエンドが目を引くスリップオンマフラー。6,000回転以上の吹け上がりとパワー特性に優れる1本
デイトナ　¥57,200

スリップオンエキゾースト ネオクラシック SUS
独自の反転式内部構造で軽量化とパワーアップを実現しつつ弾けるサウンドを奏でる。存在感あるステンレスポリッシュ仕上げに注目
モリワキエンジニアリング　¥57,200

スリップオンエキゾースト ネオクラシック BK
低〜中速の心地良いサウンドと加速特性を持ち、市街地からツーリングまで幅広くカバ 。ステンレス製ブラック塗装仕上げ。政府認証品
モリワキエンジニアリング　¥57,200

スリップオンマフラー ビレットタイプ
スポーティなアルミ削り出しエンドを持つスリップオンマフラー。写真のブラックカーボン仕様とステンレス仕様がラインナップ
ウィルズウィン　¥38,500/46,200

スリップオンマフラー バレットタイプ
テーパー形状のアルミエンドを備えたスリップオンマフラー。ブラックカーボン仕様とステンレア仕様あり
ウィルズウィン　¥38,500/46,200

スリップオンマフラースラッシュタイプ
アルミ製スラッシュエンドを採用するスリップオンマフラー。バッフルの交換で2種類の音量が選択可能。ブラックカーボン仕様もある
ウィルズウィン　¥38,500/46,200

SSメガホンマフラー BLK スリップオン
構造を吟味し、シングルらしい鼓動感を残しつつ厚みのあるサウンド、低速域のトルクを両立。音量がより低いサイレントモデルもある
オーヴァーレーシングプロジェクツ　¥42,900

POWERBOX
5速 30〜50km 走行で気持ちの良い走りができる高性能スリップオンマフラー。超軽量ステンレス製
スペシャルパーツ忠男　¥68,200

POWERBOX ブラックエディション
広い回転域でトルクアップし300ccクラスに迫る走りを楽しめるスリップオンマフラー。ステンレス製ブラック仕上げ
スペシャルパーツ忠男　¥81,400

メガホンマフラー スリップオン
φ120mmサイズのメガホンスリップオンマフラーで、常用域の中低速では純正よりパワーアップ。'20年以降のモデルに適合
エンデュランス　¥49,500

ワイバンクラシック スリップオンマフラー
低回転域からの大幅なトルクとパワーの向上を実現。サイレンサーはアルミ削り出しエンドを持つステンレスポリッシュ仕様
アールズ・ギア　¥74,800

ワイバンクラシック スリップオンマフラー
高い性能と心躍る重低音シングルサウンドを実現したスリップオンマフラー。ブラック仕上げでハードなイメージ作りにも役立つ
アールズ・ギア　¥74,800

SLIP-ON TYPE-SA
チタン製の三角形サイレンサーにアルミ削り出しエンドを組み合わせた、レーシーなスタイルのマフラー。JMCA認証品
ヤマモトレーシング　¥79,200

SLIP-ON TYPE-SA ゴールド
サイレンサーシェルを陽極酸化処理でゴールドに仕上げたスリップオンマフラー。音量は91db、重量は純正の半分以下の2.2kg
ヤマモトレーシング　¥85,800

スラッシュメガホンマフラー
ソリッドかつクラシカルイメージのシルエットで存在感を発揮するフルエキゾーストマフラー。マットブラック塗装仕上げもあり
ウィルズウィン　¥36,300/50,600

メガホンマフラー 耐熱マットブラック塗装
定番のメガホンサイレンサーを使ったフルエキゾーストマフラー。ステンレス製。同デザインのスリップオンあり(¥31,900)
ウィルズウィン　¥50,600

メガホンマフラー ステンレス鏡面仕上げ
職人によるバフ掛けにより鏡のように光り輝くメガホンマフラー。シンプルな形状ながら強い存在感を放っている
ウィルズウィン　¥36,300

グランドシャープマフラー
チョッパースタイル、カフェレーサースタイルにもマッチするシャープタイプサイレンサー採用のマフラー。ステンレス製
ウィルズウィン　¥31,900

オープンエンドマフラー
太い排気口を持つクラシカルなシルエットで様々なカスタムスタイルにマッチ。マットブラック塗装仕上げ(¥46,200)もある
ウィルズウィン　¥31,900

SSメガホン コンプリートマフラー
オーソドックスなスタイルのステンレス製メガホンマフラー。ポリッシュ仕上げとすることでフルエキならではのスタイリングを創造
オーヴァーレーシングプロジェクツ　¥67,100

SSメガホン コンプリートマフラー
ステンレス製マフラーをブラック塗装することでスリップオンに近いイメージに。低音が強化された迫力あるサウンドが自慢
オーヴァーレーシングプロジェクツ　¥67,100

GP-PERFORMANCE XL-T
ノーマルの延長線ではない、ボバーやストリートファイター的なスタイルを追求した左右出しマフラー。エキパイはヘアライン仕上げ、サイレンサーはヘアライン＋ブラックアルマイト仕上げ
オーヴァーレーシングプロジェクツ　¥101,200

B.R.S フロントパイプ SUS
減速時のエンジンブレーキ低減と加速時のドン付きを軽減する大容量レゾネーターエリアを持つエキゾーストパイプ
モリワキエンジニアリング　¥29,700

B.R.S フロントパイプ ブラック
大容量レゾネーター装備により加速減が滑らかになり長距離ツーリングでの負担を軽減。スタイルアップ効果も大きい。ステンレス製
モリワキエンジニアリング　¥29,700

POWERBOX PIPE（インナーBOXタイプ）
内部に膨張室を仕込むことでトルクアップを実現。同社製スリップオンはもちろん、純正サイレンサーにも対応する
スペシャルパーツ忠男　¥46,200

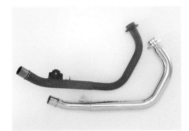

POWERBOX PIPE
太さの異なる複数のパイプを組み合わせつつ膨張室を設けることトルクフルで気持ちの良い走りを実現。ステンレス製
スペシャルパーツ忠男　¥33,000/35,200

ワイバンクラシック 50Φ エキゾーストパイプ
Φ50mmの極太パイプを使ったエキゾーストパイプ。二重管構造でトルクフルさとスタイルを達成。ステンポリッシュとブラックの2種
アールズ・ギア　¥29,700

マフラーステー
同社製マフラーとフェンダーレスキットの同時装着時に必要なアルミ製ステー。タンデムステップ取り外し時にも使える
ウィルズウィン　¥3,850

Handlebar etc.
ハンドル周り

ハンドルバーやハンドルポストは、スタイルと共に使い勝手も変化してくる。組み合わせの相性もあるので、よく調べてから選びたい。

ツーリングスポーツハンドルバー
純正ハンドルと同じ幅と高さとしつつ、エンド部を3cm手前に引くことで扱いやすくコーナリングが楽しくなるポジションに。アルミ製ブラック仕上げ
アクティブ　¥9,350

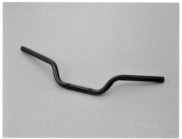 

40Bハンドル REBEL用

ハンドルの垂れ角と絞り角はそのままに幅を20mm狭く、グリップ位置を40mm手前に引いたハンドル。スイッチボックス用の穴開け加工済みで、ボルトオン装着可能

デイトナ ¥8,250

EFFEXイージーフィットバー

車種ごとのベストポジションを追求したハンドルで、7mmアップ&バックする。スイッチ穴加工済み、スチール製ブラックメッキ仕上げ

プロト ¥7,480

40Bハンドル インナーウエイト145

小柄な人でもリラックスしてライディングできる40Bハンドルに、片側145gのインナーウエイトを追加することでハンドルに伝わる不快な振動を軽減。スチール製ブラック塗装仕上げ

デイトナ ¥9,900

EFFEXイージーフィットバー Low

車種専用設計され最適なポジションが得られるハンドル。Lowタイプはノーマルに対し7mm下かつ前になるポジションに設定される

プロト ¥7,480

40Bハンドル インナーウエイト145

グリップ部をノーマル比40mm手前に引くことで小柄なライダーでもリラックスして乗車可能。インナーウエイト内蔵で不快な振動も無く、またボルトオン装着が可能。マットブラック塗装仕上げ

デイトナ ¥9,900

XLXスタイルバー

ハーレー用の定番として人気の同社製XLXスタイルバーをレブル用に専用設計。純正に比べグリップ部は約65mm手前に来る

キジマ ¥9,460

レブル専用ハンドル

レブル専用に設計されたハンドルで、ノーマル比30mmアップ、50mmバックとなるがケーブル、ホース類の変更不要なのが嬉しい。スチール製ブラッククローム＋アクリル塗装仕上げ

ハリケーン ¥6,050

300フリーライザーハンドル

高さ260mmのライザー一体型ハンドルで、ハンドルの角度が可変なのが特徴。スイッチ穴加工と別売スペーサーが必要

ハリケーン ¥16,500

セパレートハンドル TYPE Ⅲ

バーの垂れ角が自由に変更できるセパレートハンドル。ホルダーのカラーは写真のブラックのほか、ゴールドがある。装着にはウインカーの交換が必要

ハリケーン　¥15,400

200フリーライザーハンドル

ライザー部分とハンドル部分の角度が自由に変えられるハンドル。ライザーからハンドル上部までの高さは180mm。要別売スペーサー

ハリケーン　¥15,400

スポーツライディングハンドルキット

アメリカンスポーツスタイルを楽しめる、セパレートハンドルと取り外したハンドルポストを効果的にカバーするメーターステーのキット。カラーはブラックとシルバーがある

オーヴァーレーシングプロジェクツ　¥58,080/59,290

190ライザー1型 ハンドル

ライザー一体型で存在感のあるハンドル。太さは1インチ＝25.4mm。取り付けには別売のスペーサーが必要だ

ハリケーン　¥13,200

270ライザー2型 ハンドル

外径25.4mm、内径21mmのライザー一体型ハンドル。スチール製トリノルニッケルピュアク
ロ■▲▽仕上げ■要別売スペ■サ■

ハリケーン　¥14,850

スタッドボルト

同社製のライザーやライザー一体型ハンドル取り付けに必要なスタッドボルト＆カラーのセット

ハリケーン　¥2,970

ロング スロットルケーブル W

ワイドなハンドル装着時に併用したいロングタイプのスロットルケーブル。長さは150mmロ■ゲ■■250mmロ■■の2タ■イプあり

ハリケーン　¥4,070

ロングクラッチケーブル

ハンドル交換して長さが足りなくなった時に使いたいクラッチケーブル。長さは150mmロングと300mmロングをラインナップする

ハリケーン　2,750

延長ハーネス

ワイドなハンドルや高いライザー装着で足りなくなったハーネスを伸ばせるアイテム。300mmロングにすることができる

ハリケーン　¥3,630

セットバックホルダー

純正ハンドルポストの間に装着することで20mmバック、30mmアップのポジションにできるホルダー。アルミ削り出し製

ハリケーン　¥10,450

ハンドルセットバックライザー

ノーマルハンドルポストに挟み込み、40mm
バック、15mmアップのハンドルポジションを
実現。七宝焼エンブレム付き

アールズ・ギア　¥24,200

2インチ ドラッグポスト ベーシック

高さ60mmに設定された1インチハンドル用
ハンドルポスト。スチール製で、メッキ仕上げと
ブラッククローム＋アクリル塗装仕上げあり

ハリケーン　¥12,100/13,200

3インチ ドラッグポスト ベーシック

様々なスタイルに合わせやすいベーシックデ
ザインのハンドルポスト。高さは76mmでメッ
キとブラッククロームの2タイプを用意

ハリケーン　¥13,200/14,300

4インチ ドラッグポスト ベーシック

スチール製トリプルニッケルクロームメッキ仕
上げがされた、高さ102mmのハンドルポスト。
1インチハンドル用

ハリケーン　¥14,300

6インチ ドラッグポスト ベーシック

ドラッグポストベーシックシリーズ最長の高さ
152mmのポスト。同シリーズ共通で、取り付け
には別売スペーサーが必要

ハリケーン　¥16,500

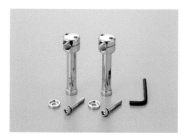

6インチドラッグポスト ストレート

高さ6インチ＝152mmのスチール製ハンドル
ポストで、1インチハンドル用。取り付けには別
売スペーサーが必要

ハリケーン　¥16,500

6インチドラッグポスト プルバック

高さ150mm、バック25mmに設定されたス
チール製トリプルニッケルクロームメッキ仕上
げのハンドルポスト。要別売スペーサー

ハリケーン　¥19,800

8インチドラッグポスト プルバック

高さが175mm、バック40mmのハンドルポス
トで、取り付けには別売スペーサーが必要。独
自スタイルを作りたいならこれだ

ハリケーン　¥22,000

8インチドラッグポスト ストレート

高さ188mmで大胆なスタイルが作れる1イ
ンチハンドル用のハンドルポスト。要同社製ス
ペーサー

ハリケーン　¥18,700

2インチライザーポスト ストレート

存在感あるクランプが魅力のハンドルポスト。
要別売スペーサー。高さは60mm。スチール製
トリプルニッケルクロームメッキ仕上げ

ハリケーン　¥14,300

4インチライザーポスト ストレート

美しいトリプルニッケルクロームメッキが完成
度を高めてくれる高さ110mmのハンドルポス
ト。別途、同社製スペーサーが必要

ハリケーン　¥16,500

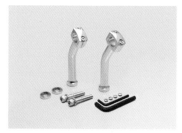

6インチライザーポスト プルバック

高さ150mm、バック25mmで個性的なスタイル
が作れるライザー。トリプルニッケルクロー
ムメッキも美しい。要別売スペーサー

ハリケーン　¥22,000

ハンドルライザー SIL
装着することでゆったりとした乗車姿勢になり
疲労軽減を実現。シルバーのほか、ブラックモ
デル（¥41,140）もある
　　オーヴァーレーシングプロジェクツ　¥39,930

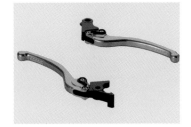

EFFEX スムースフィットレバー
握り心地にこだわったブレーキ/クラッチレ
バーのセット。6段階の位置調整可能でカラー
はブラック、ブルー、レッド、ゴールドを展開
　　　　　　　　　　　プロト　¥9,900

STFレバー　ブレーキ
20段階で位置調整可能なブレーキレバー。精
度が高く思い通りにコントロール可能。カラー
は黒、赤、金、緑、青、ガンメタの6種
　　　　　　　　　　アクティブ　¥11,000

STFレバー　クラッチ
精度が高くガタの少ないホルダーで思い通り
操作できる。レバー位置が無段階調整可能な
クラッチレバー。カラーは6種から選べる
　　　　　　　　　　アクティブ　¥6,380

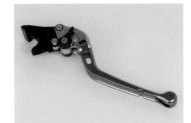

アルミビレットレバー ブレーキレバー
レバー部が可倒式で転倒時に欠損しにくいブ
レーキレバー。アルミ削り出し製でレバー位置
の調整が可能
　　　　　スペシャルパーツ武川　¥18,480

アルミビレットレバー クラッチレバー
6段階でレバー位置が調整できるアルミ削り出
しのクラッチレバー。SP武川ロゴがレーザー
マーキングされる
　　　　　スペシャルパーツ武川　¥18,480

補修用右側レバー
転倒等で欠損してしまった時に手に入れたい、
補修用のブレーキレバー。純正部品と同じ仕様
で作られているので安心だ
　　　　　　　　　　　キタコ　¥1,430

補修用左側レバー
純正部品と同仕様で作られた補修用のクラッ
チレバー。転倒等でレバーが折れてしまった時
に役立つ
　　　　　　　　　　　キタコ　¥1,320

クランプバーブラケット ミラーホルダー用
φ22.2mmパイプ対応の各種アクセサリーが
取り付けできるミラーホルダー部装着のクラ
ンプバー。カラーはパッケ、シルバー、ブラック
　　　　　　　　アルキャンハンズ　¥2,662

マルチバーホルダー　マスターシリンダークランプ　フラット2
マスターシリンダークランプ部に装着できる汎用のマルチバーホルダー。パイプ径は22.2mmなの
で、ハンドルクランプタイプのアクセサリー装着に便利。有効パイプ長は75mm
　　　　　　　　　　　　　　　　　　　　　　デイトナ　¥2,970

マルチステーブラケットキット
ミラーホルダー部分に取り付けるブラケット
キット。パイプ部の太さはφ22.2mm。カラー
はシルバーとブラックから選べる
　　　　　スペシャルパーツ武川　¥5,280

ハンドルマウントステー

パイプ径22.2mmに対応したハンドルクランプタイプのホルダーが使用できるステー。専用設計なので、ホルダーに取り付けたデバイスを見やすい位置に取り付けできる。スチール製ブラック仕上げ

キジマ　￥6,600

Xグリップ＆U字クランプセット

各種アクセサリーのマウントで著名なラムマウントのスマホ用グリップと取り付けクランプのセット。重量354g

プロト　￥8,250

グリップヒーター GH07

1インチハンドルに対応したグリップヒーター。スイッチ一体式でハンドル周りもスッキリ。付属アルミテープによるサイズ調整が必要

キジマ　￥17,600

GRIPPY GRIP GG-DI-ARC-1

縦にリブを立てた樽型のグリップ。幅広いスタイルにマッチする汎用性の高さが魅力。インチバー用、エンド貫通タイプ

デイトナ　￥1,320

GRIPPY GRIP GG-DI-ARC-3

ワッフルデザイン採用のインチハンドル用樽型グリップ。全長は125mmで確実な取り付けにはグリップボンドを使用のこと

デイトナ　￥1,320

GRIPPY GRIP GG-DI-OCTA

ボルトとナットを組み合わせたような八角形デザインが目を引くインチバー用グリップ。ハイテックカスタムに

デイトナ　￥1,320

GRIPPY GRIP GG-DI-ARC-3

ワッフルデザインの樽型グリップ。こちらはエンド非貫通なので、よりクラシカルなスタイルにマッチする

デイトナ　￥1,320

GRIPPY GRIP GG-DI-OCTA

非貫通タイプのグリップで、インチバー用。スタイルとグリップに優れた八角形デザインを採用している

デイトナ　￥1,320

GRIPPY GRIP GG-DI-ARC-1

縦にリブが入ったエンド非貫通の樽型グリップ。クラシックスタイルのカスタムを考えているなら、グリップはこれだ

デイトナ　￥1,320

ラバージャックハマーグリップ

クラシックなデザインが人目を引くインチハンドル用非貫通グリップ。カラーはブラックとブラウン。全長は約124mm

アルキャンハンズ　￥1,980

ラバーダイヤグリップ

流行り廃りのない定番デザインのグリップ。品質や機能性にもこだわって作られている。カラーはブラウンのほか、ブラックを設定

アルキャンハンズ　￥1,980

ラバーバレルグリップ

ハーレー等で定番の樽型グリップ。インチハンドル用で全長約130mm、グリップ内長約126mm。ブラウンとブラックがある

アルキャンハンズ　￥1,980

ラバービンテージグリップ

長年人気を保つビンテージなスタイルのグリップ。写真のブラックに加えブラウンを設定。品質にもこだわった逸品だ

アルキャンハンズ　￥1,980

アルミグリップ TYPEII

アルミ削り出しのグリップに黒いラバーを組み合わせたグリップ。グリップの直径は34mm、長さは142mm

ハリケーン　￥17,600

アルミグリップ TYPEI

TYPE IIに比べ細いラバーを組み合わせたグリップ。レブル純正ハンドルに対応した1インチバー用でWスロットルケーブル巻取りフック付

ハリケーン　￥17,600

アルミグリップ ビレット

ソリッドなイメージが魅力のアルミ削り出しのグリップ。1インチハンドル用で、グリップの太さは34mm、長さは142mmに設定

ハリケーン　￥19,800

汎用スロットルスリーブ　アメリカン系用

レブルのような1インチハンドル採用車用のスロットルスリーブ。面倒な純正品の取り外しや加工の手間が省ける。全長129mm

デイトナ　￥1,155

Z-IIミラー

様々なバイクにマッチする丸形ミラー。ショートステー付属。ミラーサイズはφ110mm。カラーはメッキとブラック。左右共通。1本売り

キタコ　￥3,080/3,520

Z-IIミニミラー

ミドルステーを組み合わせた定番Z2スタイルのミラー。ミニと付くがミラーサイズは同社製Z-IIミラーと同じ。左右共通。1本での販売

キタコ　￥2,640

Z-IIミニミラー

定番のスタイルながらメッキ仕上げとすることで存在感をアップ。左右共用だが正ネジタイプと逆ネジタイプとあるので注意。1本売り

キタコ　￥3,080

ゴーストミラー

骸骨の手をデザインした個性的なミラー。アルミダイカスト製で各種アダプター付き。カラーはブラックとクロームメッキ。左右セット

キタコ　￥9,680/10,780

ランツァミラー

槍をモチーフにしたアルミダイカスト製ミラー。モールドの色はホワイト、グリーン、イエロー、レッド、ブルーがある。1本での販売

キタコ　￥5,280

GPRミラー タイプ1

スリムでシャープなデザインが人目を引くミラー。'07年保安基準適合で安心して使える。左右別、1本ずつでの販売

キタコ　￥1,980

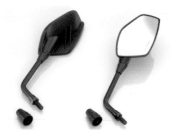

GPRミラー タイプ3

厚みのある多角形ボディが近未来イメージを作り出すカスタムミラー。ピロボール式角度調整機能付き。1本での販売となる

キタコ ¥2,200

ユーロミラーオーバルタイプ

オーバル形状を採用したユーロタイプミラー。スチール製ブラック仕上げで、正/逆ネジ10mm、正ネジ8mmが付属する

キジマ ¥2,750

NK-1ミラー

6種類のヘッド形状、ステム、3種類のヘッド素材が選べるミラー。写真は綾織カーボン製タイプ6ヘッド＋ショートエルボー仕様

TCW ¥35,200〜46,860

Vブレードミラー TYPE II

軽量な樹脂製ボディを使ったシャープなミラー。凸面鏡を使い、ボディのサイズは幅168mm、高さ89mm。2個セット

ハリケーン ¥3,740

ナックルバイザー M5-01

走行風から手元をガードするアイテムで、同社自慢の高品質ポリカーボネイト樹脂製。サイズは高さ約140mm、幅約210mm

旭精器製作所 ¥15,620

ファットタイプ ケーブルアジャスター

純正品と交換することでドレスアップできるだけでなく、幅広デザインによる実用性アップも実現。カラーは5タイプを設定する

スペシャルパーツ武川 ¥1,650

ヘルメットホルダー

フロントブレーキマスターシリンダーのホルダー部に装着するヘルメットホルダー。盗難抑止対策ボルトを使いセキュリティ性をアップ。専用Lレンチとオリジナルキー2個付き

スペシャルパーツ武川 ¥4,620

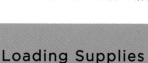

Loading Supplies
積載用品

ノーマルでは少々こころもとない積載性をアップし、普段使いやツーリングでの利便性をアップするアイテムをリストアップしてある。

サドルバッグサポート 右専用

サドルバッグが装着しやすいよう、ベルト掛け部分を一体化したサドルバッグサポート。マフラーとの関係を考慮した右側用で、スチール製マットブラック塗装仕上げ。推奨バッグサイズは〜9L

デイトナ ¥10,340

サドルバッグサポート 左専用

ベルト幅200mm前後のバッグのほか、ネットを掛けたり等の多機能性を持たせたサポート。推奨バッグサイズは12〜18L

デイトナ ¥10,780

DHS-23 サドルバッグ 6ℓ ブラック
ポリエステル1680デニール生地を使った高さ200mm、幅300mm、厚さ210mmのサイドバッグ。固定ベルト、レインカバー付き
デイトナ　¥8,800

DHS-25 サドルバッグ 10ℓ ブラック
フラップ、前面、側面の生地の間にウレタン芯を入れ型崩れを防止。本体サイズは幅350mm、高さ280mm、厚さ100mm
デイトナ　¥9,900

DHS-26 サドルバッグ 15ℓ グリーン
金具付き固定ベルト、樹脂付き固定ベルト、レインカバーが付属。高さ320mm、幅365mm、厚さ135mmサイズ
デイトナ　¥11,000

DHS-27 サドルバッグ 15ℓ ブラック
ポリエステル生地採用のサドルバッグで様々なスタイルに合わせやすいブラックモデル。立体仕上げのレインカバー付属
デイトナ　¥11,000

バッグサポート
サイドバッグのホイール巻き込みリスク軽減に効果的なバッグサポート。直接サイドバッグを吊るせるオールインワン設計。スチール製ブラック仕上げ、左右セットと左側用がある
キジマ　¥8,250/15,400

シングルサイドバッグ M
容量約10Lのサイドバッグで、水に強いPVC製合成皮革を採用。実用性を兼ね備えたシンプルなデザインで、バックル方式により着脱も容易。高さ220mm、横幅320mm、奥行き130mm
キジマ　¥12,100

サイドバッグサポートセット
左右共用タイプで、1つ買えば左右どちらにも取り付け可能。片掛け時に必要なベルトを通すためのハンガープレート付属
エンデュランス　¥7,700

サイドバッグサポート　L
同社製ツーリングバッグ等を車体に取り付ける際に、車両とのクリアランスを確保し巻き込みを防止するサポート。ベルト通し穴装備で、サイドバッグの脱落を防止する。左側用
スペシャルパーツ武川　¥11,000

サイドバッグサポート R
車体右側に取り付けるサイドバッグ用サポート。実用性と車両のスタイルアップを両立したデザインがポイント
スペシャルパーツ武川　¥11,000

サイドバッグサポート LRセット

サイドバッグ取り付け時の必須アイテムの左右セット。ブラック塗装仕上げで、許容積載量は左右各2.0kg以下となっている

スペシャルパーツ武川　¥21,780

ツーリングバッグS

容量約5Lの1ホール構造バッグ。補強板を備えているので、積載時も形状が崩れにくい構造になっている。スリングベルト付き

スペシャルパーツ武川　¥5,280

ツーリングバッグS

迷彩柄の高さ約220mm、幅約270mm、厚さ約100mmのバッグ。スリングベルトと雨除けキャップが付属する

スペシャルパーツ武川　¥5,280

C-Bowキャリア

Cの字形状のアダプターにバッグや小型ケースを固定できるヘプコ&ベッカーのサイドキャリア。スタイリッシュに積載性をアップできる

プロト　¥31,900

C-Bowサイドバッグ レガシー Lサイズ

C-Bowキャリアに簡単装着できるサイドバッグ。素材はキャンバス+レザー。これは容量13LのLサイズだが、9LのMサイズもある

プロト　¥39,050

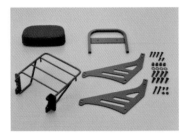

リバーシブルバックレストキャリアフルパッケージ

p.150で紹介しているリバーシブルバックレストとオプションバックレストキャリアのお得なセット。最大積載重量は4kg

デイトナ　¥50,600

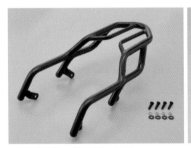

GIVIリアキャリア SR1160

人気のGIVIモノロックケース用のリアキャリア。極太インチサイズパイプを使い、スタイルもバッチリ。ボックス装着後の最大積載重量は3kg

デイトナ　¥30,800

グラブバーキャリア

タンデムシートとのラインをフラットにすることで衣装ケースのような大型の荷物も積載しやすい。最大積載重量7kg

デイトナ　¥17,050

リアボックス用ベースブラケット付きタンデムバー

好みのリアボックスが取り付けられるベースブラケットを標準装備するタンデムバー。ステンレス製バフ仕上げ

ウイルズウィン　¥20,900

SHAD製リアボックス付きタンデムバー

左記タンデムバーとフルフェイスヘルメット1個が入るSHAD製の容量29Lリアボックスを組み合わせたお得なセット

ウイルズウィン　¥28,050

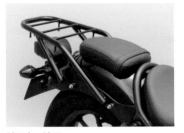

リアキャリア

ハンドルクランプタイプのアクセサリーが使えるφ22mmパイプを使用。多角的テストにより高い強度レベルを実現。最大積載重量8kg

エンデュランス　¥16,280

リアキャリア

丸パイプで成型されたフラットな天板を持つリアキャリア。雨具等の不定形なアイテムからハードボックスの積載まで対応する。スチール製で最大積載量は5kg

キジマ ¥25,300

ツーリングマルチキャリアコンプリートキット

タンデムシートと交換して取り付けるベースキャリア、折りたたみできる左右サイドウイングキャリア、取り付けキットセット

プロト ¥53,900

デイツーリングシートバッグ

ロー＆ワイド形状でデザインと操縦安定性を確保したイガヤブランドのバッグ。拡張により容量を20Lから28Lへ増やせる

プロト ¥10,120

ロングツーリングシートバッグ

数泊のツーリングに適したミドルサイズのバッグ。強度と防水性を兼ね備えたバリスティックナイロン製。容量は42～50L

プロト ¥13,420

キャンプツーリングシートバッグ

長期のキャンプツーリングにも対応した容量50～64L（可変）のシートバック。固定ベルト、レインカバー、ショルダーベルト等が付属する

プロト ¥14,080

リアキャリア

全体のバランスと実用性に気をつけてデザインされたリアキャリア。積載に便利なフックを多数備えつつトップケース取り付けにも対応する。許容最大積載量は10kgを実現

スペシャルパーツ武川 ¥20,680

2way リアキャリア

直径19.1mmのスチールパイプを使ったリアキャリアで、タンデムシート部または左サイドに取り付けられる2wayタイプ。電着塗装＋静電焼付け塗装仕上げで許容積載量は5kg

ハリケーン ¥16,500

フラットキャリア
縦300mm、横181mmサイズのフラットなキャリアでタンデムシートを外して取り付ける。最大積載重量は5kg

デイトナ ¥11,550

ソロラック ブラック
タンデムシートの代わりに取り付けるシンプルなソロラック。ヘプコ&ベッカーのアイテムで耐荷重は5kg

プロト ¥22,000

M8アクセントフック
リア周りのドレスアップにも貢献する荷掛け用フック。スチール製でクロームメッキ仕上げ。最大外径は28mmで全長は22mm

ハリケーン ¥4,180

荷掛けフック
リアフェンダー側面のボルトと交換することで荷掛けポイントを増設できるアイテム。アルミ削り出しアルマイト仕上げで、シルバーのほか、ブラックもラインナップしている。2個セット

スペシャルパーツ武川 ¥4,180

Screen
スクリーン

風を切って走るのはバイクの醍醐味の1つだが、ロングランでは疲労の原因となる。それを軽減してくれるのがスクリーンだ。

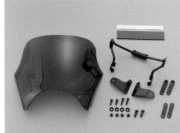

BlastBarrier 車種別キット スモーク
ブラストバリアースクリーンと車種別専用ステーがセットとなったアイテム。存在感あるスモークスクリーンは角度を〜'19年式用は3ポジション、'20年式以降用は2ポジションに変更できる

デイトナ ¥23,100

BlastBarrier 車種別キットクリアー
左記アイテムのクリアスクリーンモデル。走行風を弱め疲労を低減したり、雨や虫、飛び石からライダーを保護してくれる

デイトナ ¥23,100

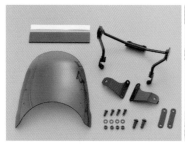

Aerovisor 車種別キット スモーク
厚さ3mmのポリカーボネート製エアロバイザースクリーンとスチール製専用ステーのセットで、'19年モデルまでに適合。スタイルを崩さず防風効果が得られる

デイトナ ¥16,500

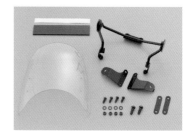

Aerovisor 車種別キット クリアー
クリアのエアロバイザーを使用した〜'19年モデルに適合したキット。バイザーは安心高品質の日本製ポリカーボネートを使用する

デイトナ ¥16,500

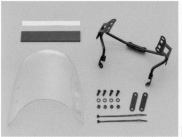

Aerovisor 車種別キット クリアー
エアロバイザーのスクリーンとステーがセットになった車種別専用キット。小振りなデザインで車体のスタイルを崩さない。'20年式以降用、Sエディション不可

デイトナ　¥16,500

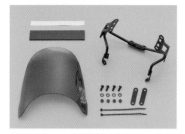

Aerovisor 車種別キット スモーク
スモークタイプのエアロバイザースクリーンを使ったキット。'20年式以降のモデル用に専用設計された。Sエディションは不適合

デイトナ　¥16,500

national cycle カスタムヘビーデューティー ウインドシールド
防風効果抜群でツーリングでの疲労を軽減してくれるウインドシールドキット。高さ482〜533mm、幅475mm

デイトナ　¥51,700

メーターバイザー RBL-08
耐久性のあるポリカーボネイト樹脂を使ったメーターバイザーで、サイズは高さ約325mm、幅約360mm。'20年以降のモデル用

旭精器製作所　¥21,450

ウインドスクリーン RBL-03
走行風からライダーをしっかりガードし疲労を低減。高さ約470mm、幅約360mm。'20年以降のモデルに装着可能

旭精器製作所　¥21,450

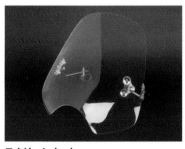

スクリーンキット
曲面を多用したスクリーンで、首から下の上半身をカバーする中型サイズ（高さ430mm、幅440mm）。ハンドルマウントタイプで、調整により好みの位置や角度に取り付けられる

スペシャルパーツ武川　¥16,280

MRAスクリーン スポーツショート
風防性とデザイン性を両立した縦290mm、横320mmの小型スクリーン。スクリーンカラーはクリア、スモーク、ブラックの3タイプ

プロト　¥11,880

MRAスクリーン ツーリング
縦320mm、横380mmサイズで走行風を大きく低減、ツーリング派におすすめの品。クリア、スモーク、ブラックの3種類から選ぼう

プロト　¥14,080

メーターバイザーキット セミスモーク
絶妙な透け感がたまらないセミスモークバイザーのキット。ETCの通信を邪魔しない設計。年式により種類があるので注意

モリワキエンジニアリング　¥19,800

メーターバイザーキット ブラック
ブラックヘアライン仕上げのアルミ製バイザーでシャープなフロントマスク作りに貢献する。ステーはスチール製。各年式用あり

モリワキエンジニアリング　¥22,000

メーターバイザーキット CF 綾織

高級感がある綾織ウェットカーボン製バイザーのキット。ボルトオンで装着可能。～'19用と'20～用がある

モリワキエンジニアリング　¥22,000

フェアリングキット

ハーレーのツーリングモデルに使われる通称ヤッコカウルをリメイク。カウル本体はFRP製で、スチール製のマウントステーはハンドルマウントタイプのアクセサリーが取付可能と実用性に富んだキット

キジマ　¥49,500

セミフェアリング アナーキー

スペインPuig（プーチ）製の縦385mm、横250mmサイズのセミフェアリング。マットブラックとグロスブラック有り。'20～用

エヌアールディー　¥35,200

セミフェアリング ダークナイト

縦460mm、横470mmサイズでナチュラルなスタイリングが魅力のPuig製アイテム。～'19用と'20～用がある

エヌアールディー　¥52,800

アルミフロントパネル

ネオクラシックイメージを演出するゼッケンプレート風アルミバイザー。写真のシルバーのほか、ブラックもラインナップ

エヌアールディー　¥17,050

セミフェアリング アナーキー

専用ステーによりナチュラルなスタイリングを実現しつつ完全ボルトオンとしたPuig製フェアリング。～'19モデル用

エヌアールディー　¥33,000

フロントバイザー

ブラックアルマイト仕上げがされたアルミ製のフロントバイザー。専用アルミステーの縁ゴムが付属。'20年以降のモデルに対応する

ハリケーン　¥7,480

フロントバイザー

コンパクトながらソリッドなデザインでカスタム効果が高いアルミ製のフロントバイザー。'19年式までのモデルに対応

ハリケーン　¥7,480

ビキニカウル

純正ライトからメーターまでを覆う小振りなカウル。フロント周りの一体感を大いに高めてくれるアイテムで幅約260mm、高さ約420mm。ステー付属、'19年までのモデルに適合

グッズ　¥22,000

メーターバイザー

FRP（写真）、平織りカーボン、綾織りカーボンの3タイプから選べる '20年以降のモデルに対応したスタイリッシュなバイザー

TCW ¥7,150〜12,100

メーターバイザー

'17〜'19年モデルに対応したコンパクトなバイザーで、FRP（写真）、平織りカーボン、綾織りカーボンの3タイプがある

TCW ¥7,150〜12,100

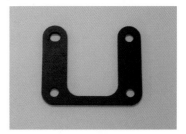

メーターバイザーオプションステー

同社製ハンドルセットバックライザーとホンダ純正オプションのメーターバイザーを同時装着する際に必要なステー

アールズ・ギア ¥1,100

**Exterior
エクステリア**

愛車のスタイルを変化させる外装関係のパーツを紹介する。その組み合わせによって印象はかなり変化するので慎重に選びたい。

フロントフェンダー

フロント周りに軽快な印象を与えるアルミ製フェンダー。スリムなデザイン、バフ掛け鏡面仕上げでカスタム満足度は高い

TCW ¥23,100

フロントフェンダー

精悍なイメージを醸し出せるショートタイプフェンダー。1.2mm厚のアルミプレートをブラックアウト仕上げ

エヌアールディー ¥17,050

フューエルキャップリング

タンクのキャップに取り付けるドレスアップパーツ。アルミ削り出し製で、ブラック、ブルー、グリーン等、11色をラインナップ

プロト ¥7,260

フューエルキャップパッド

タンクキャップを手軽にドレスアップできるイタリア PRINT 社によるアイテム。耐ガソリン性も考慮され長く使用できる

プロト ¥3,300

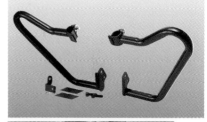

エンジンガード

立ちごけなど軽度な転倒に対応するエンジンガードでスタイルと実用性の両立にこだわったアイテム。スチール製でパイプ径は25.4mm

キジマ ¥15,950

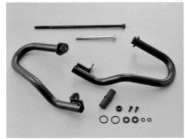

パイプエンジンガード Lower

φ25.4mmのスチールパイプを使った強固なエンジンガード。軽度な転倒においてエンジンやカウルのダメージを軽減する。ボルトオン装着可能、マットブラック塗装仕上げ

デイトナ ¥31,450

エンジンガード

スペインPuig製の大径パイプと極厚プレートで構成されたエンジンガード。ドレスアップと堅実な保護機能を発揮してくれる

エヌアールディー　¥31,900

パイプエンジンガード UPPER

立ちごけ等の軽度な転倒からエンジンを守る、装着時最大幅592mmのエンジンガード。パイプ径は25.4mm＝1インチなので、1インチハンドル用ハンドルクランプタイプアクセサリーが装着可能

デイトナ　¥32,780

レッグバンパー＆シールドキット

軽度な転倒におけるエンジンやチェンジペダルへのダメージを軽減するバンパーと風防効果が得られるシールドのセット。シールドのカラーはブラック、グレー、グリーン、迷彩の4種から選べる

スペシャルパーツ武川　¥43,780

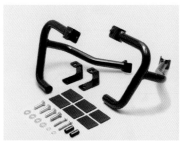

エンジンガード

車体のラインに沿わせた一体感あるデザインがセールスポイント。本体はφ25.4mmのスチールパイプを使い、電着塗装＋静電焼付ブラック塗装で仕上げる

ハリケーン　¥20,900

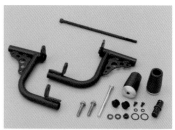

クラッシュバー

エクストリームバイクをイメージしたプロテクター付きエンジンガード。車体保護だけでなくハイウェイペグ代わりにもなる

デイトナ　¥39,600

エンジンガード

軽度の転倒からエンジンを守れるエンジンガード。車両メーカー等でも行なわれるエンジン振動や落下衝撃による応力測定など多角的なテストで高品質な強度レベルを確保している

エンデュランス　¥18,700

スプラッシュガード

走行中の飛び石や泥はねからエンジンを守る
ガード。無骨なアルミ製カバーがハードさを演
出してくれる

キジマ　¥12,100

ラジエターコアガード

飛び石等からラジエターコアを保護するステン
レス製のガード。純正と交換するだけの簡単装
着。カラーはステンレス地とブラック

ケイファクトリー　¥19,800/22,000

ラジエターシュラウド

シンプルな純正ラジエターをアピールポイント
に変貌させるハイセンスなアイテム。FRP製と
平織りまたは綾織りカーボン製から選べる

TCW　¥19,800～36,300

アンダーカウル

ラジエターからエンジン下部までをカバーすることで車体にボリューム感を加えてくれるFRP製ア
ンダーカウル。サイズは幅約345mm、高さ約600mm、前後長約430mmとなっている

グッズ　¥38,500

ラジエターコアガード

モリワキ独自のフレームワークを連想させる桜
パイプ断面形をコア部デザインに使ったラジ
エターガード。カラーはシルバーとブラック

モリワキエンジニアリング　¥18,150/21,450

エンブレムステー

ホンダ純正エンブレムをアンダーステム部分に取り付けるためのブラケット。簡単装着でドレスアッ
プが楽しめる。写真のエンブレム(Z9-14-023)は別売

キジマ　¥2,640

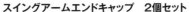

サイドカバー

FRP黒、平織りカーボン、綾織りカーボンの3
タイプがラインナップするオリジナルのサイド
カバー。全年式対応

TCW　¥23,650～30,800

スイングアームエンドキャップ　2個セット

レブルならではのスイングアーム後端にあるキャップを上質な品に変更することで、さり気なく、しか
し確実にドレスアップ。カラーはクロームメッキとブラスの2タイプが用意される

キジマ　¥5,500/5,720

チェーンカバー
リア周りに軽快感と高級感をプラスしてくれる
ステンレス製のチェーンカバー。バフ掛けされ
鏡面仕上げとなった表面は魅力的
TCW ¥14,300

フォークブーツ
レブルにクラシカルな雰囲気を与えるフォークブーツ。そもそもハーレーのフロントフォーク用にデザ
インされた同社のロングセラーアイテムで、フォルムは抜群
キジマ ¥4,730

クロムメッキホーン
ホンダ純正互換タイプのホーンにクロムメッキ
を施したドレスアップパーツ。細かい部分に気
を使うことで完成度のアップが可能なのだ
スペシャルパーツ武川 ¥1,650

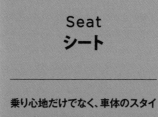

Seat
シート

乗り心地だけでなく、車体のスタイ
ルに大きな影響を与えるシート。タ
ンデムラン時に便利なバックレスト
等を含めて紹介していく。

背もたれキット
純正シート後方のバーに装着する、ありそうで
無かったアイテム。外枠のバーの直径は25mm
でフレームとの相性もバッチリ
ウイルズウィン ¥17,600/23,100

バックレスト
パッセンジャーのホールディング性と安心感を
向上させるアイテム。写真は同社製キャリアを
同時装着した例になるので注意
エンデュランス ¥16,500

バックレスト
直径25.4mmのパイプを使ったバックレストで、パッドが付属。電着塗装＋静電焼付ブラック塗装の
二重防錆処理仕上げなので美しさが長時間キープできる
ハリケーン ¥17,600

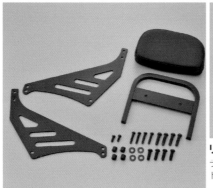

リバーシブルバックレスト
ライダー用としてもタンデム用としても使える、取り付け位置が可変となったバックレスト。バックパッ
トは上下2ポジションで変更が可能
デイトナ ¥39,600

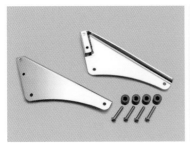 

シーシーバープレート

同社製ラウンドシーシーバーをサイドモール外側に取り付けるためのプレート。スチール製クロームメッキ仕上げ

ハリケーン　¥14,520

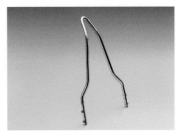

ラウンドシーシーバー　H350

高さ350mmのスチール製シーシーバー。取り付けには別売シーシーバープレートが必要。スチール製メッキ仕上げで太さは13mm

ハリケーン　¥8,800

 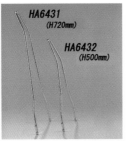

ラウンドシーシーバー H720/500

チョッパーイメージを大いに高めてくれるシーシーバー。こちらは高さ720mmのHA6431と同500mmのHA6432。取り付けには同社製シーシーバープレートが必要

ハリケーン　¥9,680/10,780

パッド

タンデムランの快適性をアップする同社製ラウンドシーシーバー用パッド。高さ210mm、幅170mm、厚さ50mm

ハリケーン　¥17,600

バックレスト付グラブバー

安全なタンデムランのため機能面を重視したアイテム。急発進時、横振れ時、ブレーキング時の転落を防止するデザイン

ウイルズウィン　¥22,000

グラブバー

車体のラインを崩さない形状と角度のグラブバーで、リアフェンダーサイドに取り付ける。バーの直径は女性でも握りやすい22mm。スチール製パウダーコート仕上げ

アクティブ　¥33,000

グラブバー

子供から大人までタンデムを快適にサポートしてくれるグラブバー。ステンレス鏡面仕様、ブラック塗装、艶ありブラック塗装仕上げあり

ウイルズウィン　¥17,600/23,100

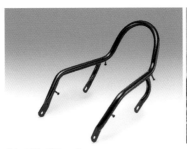

タンデムグリップ

パッセンジャーのグリップポイントとなるだけでなく、荷物の積載にも役立つアイテム。本体にラウンドパイプを使うことで、車体とのマッチングもバッチリ。スチール製ブラック仕上げ

キジマ　¥16,500

シートカバーセット ロール

センター部がメッシュ・ロール仕上げ、サイドはプレーンとなるシートカバー。純正シートに被せるだけでイメージチェンジできる。前後セット、Sエディション不可

デイトナ ￥14,080

エアフローシートカバー

通気性とクッション性をノーマルシートに追加できる簡単装着のカバー。適度なグリップ力と通気性に優れた立体メッシュ採用

スペシャルパーツ武川 ￥3,080

シートカバー メインブラック / グレイ

被せるだけでイメージチェンジできるだけでなく、10mm厚クッションスポンジ使用により乗り心地も向上する

モリワキエンジニアリング ￥11,000

シートカバー メインブラック / ブラウン

座面部にブラック、サイドにブラウンの表皮を使った2トーンカラーのシートカバー。手軽なイメージチェンジに最適

モリワキエンジニアリング ￥11,000

クッションカバー フロントシート用

ダイヤモンドステッチによりデザイン性をもたせつつクッション性もアップできるシートカバー。取り付けは被せるだけと簡単

スペシャルパーツ武川 ￥5,280

フラットシート

後ろ側にポジションが固定されやすい純正シートに対し、厚みをもたせフラットにすることで上体がのけ反りにくいポジションを実現する一方、サイド部を大きくカットすることで足つき性も考慮する

エンデュランス ￥15,950

クッションカバー ピリオンシート用

フロントシート用と合わせて装着したいピリオンシート用のカバー。同色表皮を使ったシートベルトが付属する

スペシャルパーツ武川 ￥4,180

ローダウンシート スムージングタイプ

特殊加工によりシート内のクッションを薄くしシート高を約25mmダウン。ノーマルのイメージを崩さないデザインとする

ウイルズウィン ￥16,500

ローダウンシート タックロールタイプ

ノーマル形状に近いデザインとしつつタックロール表皮とすることでカスタム感を演出するローダウンシート

ウイルズウィン ￥16,500

ローダウンシート ステッチタイプ
クラシカルで薄いデザインでカスタムスタイルを作り上げるシート。シート高は約25mmダウンだが違和感なく走行できる

ウイルズウィン　¥16,500

ダブルシート
アメリカンスタイルを際立たせる長さ約710mm、幅約260mmのダブルシート。オールドスクールなタックロール表皮は高周波ウェルダー加工により防水性を確保する

グッズ　¥41,800

ガンファイターシート スムース
純正フレーム形状を生かしたロングシート。型崩れしにくくお尻に優しい。表皮のカラーはブラック、ブラウン、ベージュの3種

ガレージT&F　¥33,000

ガンファイターシート ダイヤ
ダイヤ柄表皮で強い個性を発揮するカスタムシート。ブラック、ブラウン、ベージュのベースカラーを用意。シートベースはFRP製

ガレージT&F　¥33,000

ガンファイターシート タックロール
ライダー着席部をタックロールとしたガンファイターシート。ベースカラーはブラック、ブラウン、ベージュの3種類展開

ガレージT&F　¥33,000

ガンファイターシート バーチカル
クラシカルなバーチカルパターンの表皮を使ったシート。ベース、パイピングのカラーコンビネーションが5パターン用意されている

ガレージT&F　¥33,000

Undercarriage 足周り

走行性能を左右するサスペンションから、チェーン・スプロケットといった駆動系等、足周りに関したアイテムを紹介していこう。

リアショック（エマルジョンタイプ）
不等ピッチスプリングと優れたダンパーにより、シルキーな乗り心地を実現するHYPERPRO製。要チェーンケースカット

アクティブ　¥137,500

ローダウンリアショック　ブラック
ノーマルに対し約20mmのローダウンを実現しつつストロークは約40mmを確保。不等ピッチスプリング採用でスタイルと乗り心地を両立している。ノーマルサイドスタンド使用可能なのもうれしい

デイトナ　¥23,100

ローダウンリアショック クロームメッキ

ノーマル比約20mmダウンを実現したリアショック。存在感のあるクロームメッキ仕上げの外観も
セールスポイント。イニシャルプリロードが5段階で調整可能。調整工具付属

デイトナ　¥23,100

フロントスプリング

初期は柔らかくギャップを吸収、末期は踏ん張
り底づきを防止することでシルキーな乗り心
地を実現するHYPERPRO製スプリング

アクティブ　¥22,000

G-SUSPENSION280 ブラック

約20mmのローダウンにより抜群の足つき性を実現。最大40mmのストローク量とちょうど良い硬
さにより、快適な乗り心地も実現している。5段階の硬さ調整が可能

グッズ　¥28,875

SWING-ARM Type6

楕円十字断面パイプにより大幅な軽量化と剛
性アップを実現。シルバーのほか、ブラックモデ
ル（¥187,550）もラインナップする

オーヴァーレーシングプロジェクツ　¥163,350

EK 520LM-X CR

350ccまでに対応したチェーンで同社ライン
ナップでは最軽量。CRはシルバーカラーモデ
ルとなる

江沼チエン製作所　¥14,520(120L)

EK 520LM-X GP

レースでも使用できる軽量チェーン。最新NX
リング採用で低フリクションと長寿命を両立。
GPはゴールドカラーモデル

江沼チエン製作所　¥15,180(120L)

EK 520LM-X

LM-Xのスタンダードといえるスチールモデル。
チェーン内プレートには同社独自の穴あきプ
レートを採用し軽量化を実現する

江沼チエン製作所　¥11,616(120L)

D.I.D 520VX3

レースで培った技術をフィードバックした
X-Ring採用チェーン。低フリクション＆長寿命
が自慢。カラーはゴールド、シルバー、スチール

大同工業　¥10,780〜14,190(110L)

520RXW ED.BLACK

レブルを引き立てるブラックカラーのチェーン。
優れた耐久性を持ち、メッキ＋電着塗装コート
でサビにも強い

アールケー・ジャパン　¥15,620(100L)

スプロケット

メーカー純正としても採用率の高いサンスター
製のスプロケット。スチール製のフロント用とア
ルミ製のリア用をラインナップする

サンスター　¥3,850/11,000

スプロケット&チェーンセット

同時に交換したい前後スプロケットとドライブチェーンのセット。チェーンカラーはスタンダード、シルバー、ゴールドからチョイス可能

サンスター ¥19,800～

チェーン Fスプロケット Rスプロケット 3点交換キット

純正と同じフロント14T、リア36Tのスプロケット、専用リンク数チェーンの3点セット。スプロケットとチェーンは同時交換が望ましいので嬉しいキット。チェーンカラーはゴールド、シルバー、スチール

大同工業 ¥21,450～ 24,750

Lights
灯火類

機能パーツである灯火類は、視覚的存在感が大きく、カスタム効果も高い。全体のカスタムプランと照らし合わせつつ選んでいこう。

D-Light SOL 取付キット

LEDウインカー、D-Light SOLとフォークマウント用アルミダイキャスト製クランプのセット。別途各年式に適合するウインカーリレーが必要

デイトナ ¥20,900

車種別スモールウインカーキット REBEL用

ステー差し込み式スモールウインカーの前後セット。配線加工不要のボルトオン設計で、ウインカー4個と専用取り付けステー付属。'19年までのモデルに適合。フロントポジションランプ使用不可

デイトナ ¥19,800

ハイサイダーロケット・ブレット

ベーシックな砲弾タイプのウインカーで、ホワイトポジション灯が付いたフロント用。取り付けには別途取付キットが必要。2個セット

デイトナ ¥22,660

フロントウインカー取付キット

取り付けネジ部がM8×P1.25のウインカーをフロントフォークに取り付けるためのキット。年式に合わせたカプラーが付属

デイトナ ¥8,030

LED対応ウインカーリレー HONDA 8Pi

'20年以降のモデルに社外ウインカーが取り付けられるLED対応ウインカーリレー。純正同寸で純正位置に取付可能

デイトナ ¥6,050

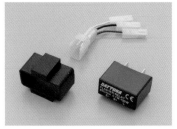

LED 対応ウインカーリレー HONDA-4PIN

純正バルブから LED まで、幅広く対応する IC
ウインカーリレー。'17～'19年モデルに適合。
1分間85回点滅の設定

デイトナ ¥3,300

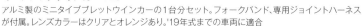

ミニブレットウインカー kit

アルミ製のミニタイプブレットウインカーの1台分セット。フォークバンド、専用ジョイントハーネス
が付属。レンズカラーはクリアとオレンジあり。'19年式までの車両に適合

ハリケーン ¥14,740/15,290

ブレットウインカーkit

人気のブレットタイプウインカーのキットで、
'19年モデルまで適合。レンズの色は写真のク
リアとオレンジがある

ハリケーン ¥12,650/13,090

ウインカーランプ SET TRDシーケンシャルタイプ

2019年までのモデルに対応する、配列された LED が連続して流れるように光る TRD タイプウイン
カーキット。マウントベース、フロントウインカーステー、延長ハーネス、IC ウインカーリレーが付属

キジマ ¥30,800

ウインカーマウントベース

2020年以降のモデルに対応した、M8～M10の取り付けシャフトを使ったウインカーを取り付ける
ためのマウントベース。スチール製で2ヵ所用1セット(写真右は同社製ウインカーでの使用例)

キジマ ¥1,980

ウインカーレンズセット

2019年までのモデルに装着できるクリアタイ
プのウインカーレンズ。メッキコーディングされ
たオレンジバルブが付属

スペシャルパーツ武川 ¥9,900

ウインカーレンズセット

ノーマルレンズと交換するスモークタイプのウ
インカーレンズ。メッキバルブ付属。'19年モデ
ルまでに適合

スペシャルパーツ武川 ¥9,900

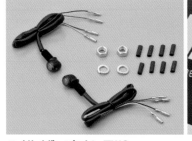

ハイサイダープロトン TWO

レンズ径 11mmと極小のテールランプ一体リアウインカー。小さいながらも驚きの明るさを持ち、被
視認性もバッチリ。取り付け時はウインカーリレーの交換とテールランプ取り外しが必要

デイトナ ¥20,350

ハイサイダーロケット・クラシック

クラシカルで丸みのある形状のテールランプ一体型LEDリアウインカー。要テールランプ取り外し、ウインカーリレー交換

デイトナ ￥22,660

テールランプ一体型ウインカー取付キット

テール周りをスッキリさせつつ個性的なリアビューを生み出すテールランプ一体型のウインカー取付キット。別途テールランプ一体ウインカーとウインカーリレーが必要

デイトナ ￥19,800

車種別テールランプ一体型ウインカーキット D-light SOL-W

テール周りの雰囲気を一変させる D-light SOL-W テールランプ一体型ウインカーのキット。専用ハーネス付属でボルトオン可能。別途ウインカーリレーが必要になる

デイトナ ￥35,200

フェンダーレスキット

コンパクトなテールランプを使ったフェンダーレスキット。'19年までのモデルに対応。FRP製、綾織りカーボン製、平織りカーボン製の3種

TCW ￥19,800〜26,400

フェンダーレスキット

純正ウインカーを使ったフェンダーレスキット。本体の素材は「RP、平織りカーボン、綾織りカーボンから選べる

TCW ￥19,800〜26,400

LEDテールランプ KIT Core

Core と名付けられたラウンドタイプLED テールランプのキットで、専用ステー、ナンバー灯、リフレクターステー、ハーネスが付属。'19年式以前のモデルには別途ウインカー、リレー等が必要

キジマ ￥16,500

フェンダーレスキット

リアホイールを覆うフェンダーを取り外すという大胆なキット。生み出されるワイルドなスタイルは注目度抜群だ

ウイルズウィン ￥12,100

テールランプ kit LEDレクタングル

'17〜'19年式モデルに対応するテールランプキット。アルミ製ベースにクリアレンズのLEDレクタングルテールランプをセット。専用ハーネス付き、別途ウインカー交換とリフレクターが必要

ハリケーン ￥11,440

テールランプ kit LED レクタングル
'19年モデルまでに対応したキットで、純正テールランプを取り替えスッキリしたリア周りを実現。こちらはレッドレンズを採用したモデル。撤去してしまうので別途ウインカーとリフレクターが必要だ
ハリケーン ¥11,440

5.5ハイパワースリットヘッドライト kit
サイドにスリットが入った直径159mmのヘッドライト。取り付けステーとH4 12V60/55Wバルブ付属。配線処理にはハーネスケースが必要
ハリケーン ¥15,950

5.5ベーツバイザータイプヘッドライト kit
バイザー付きベーツタイプライトのキットで、ライト直径157mmと存在感あふれるアイテム。H4 12V60/55Wバルブ付属。配線を収めるには別売ハーネスケースを使おう
ハリケーン ¥12,100

4.5ベーツタイプヘッドライト kit
カスタムライトの定番、ベーツタイプライトを使ったキットで、取り付けステー、バルブ(PH7 35/35W)付属
ハリケーン ¥8,800

4.5マルチリフレクターヘッドライト kit
ベーツタイプながらマルチリフレクター採用で現代的なフォルムが得られるライトキット。本体はスチール製クロームメッキ仕上げ
ハリケーン ¥9,350

4.5マルチスリムヘッドライト kit
奥行きがあるスリムなデザインにより、チョッパーイメージを高めてくれるヘッドライト。H4バルブと取り付けステー付属。配線は収められないので、処理したい場合は別売ハーネスケースを買おう
ハリケーン ¥13,200

4インチ ブレットライトkit
ブレットスタイルのライトを使ったキットで、同社製ブレットウインカーとの相性は抜群。ライト直径は108mmとなる
ハリケーン ¥12,100

4.5スリットライト kit
直径122mmと比較的コンパクトながら存在感を発揮するヘッドライトを使ったキット。PH7 35/35Wのライトバルブが付属する
ハリケーン ¥12,100

ヘッドライトステー
同社製4.5/5.5ベーツライト、ハイパワースリットヘッドライトを単独購入した場合に使える専用取り付けステー
ハリケーン ¥2,750

ヘッドライトリムカバー

純正ヘッドライトにワンポイントを追加する、'20年式以降のモデルに対応したアイテム。カラーはブラスとクロームメッキの2タイプ。同色のウインカーリムカバー（2個セット）もラインナップ

キジマ　¥4,950/5,280

ヘッドライトグリル

ヘッドライトをガードするヘプコ＆ベッカー製のグリル。スチール製で〜'17年式用と'20年式以降用（Sエディション不可）がある

プロト　¥18,150

LEDフォグランプキット

夜間走行時に安心感を得られるだけでなく被視認性も向上。専用ステー、配線キット、インジケーター付きスイッチが付属し、取り付けも比較的容易にできる

キジマ　¥35,200

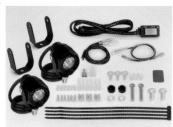

LEDフォグランプキット3.0（950）

視認性向上と夜間走行時の安全性を高めることができる、ラジエターボス部に取り付けるフォグランプキット

スペシャルパーツ武川　¥20,350

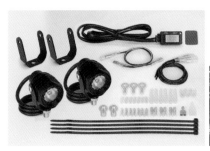

レッグバンパー＆シールドキット装着車専用LEDフォグランプキット 3.0（950）

同社製レッグバンパー＆シールドキットとの同時装着が前提となるLEDフォグランプのキット。配線加工をすることなく取り付けられるボルトオンキットだ

スペシャルパーツ武川　¥16,500

Break
ブレーキ

思いのままに操れるブレーキは、走りの満足度と安全性を高めてくれる。各部品の特徴をよく踏まえたうえでチョイスしていきたい。

SBSブレーキパッド 700シリーズ

扱いやすさと制動力、そして耐久性を兼ね備えたセラミック材を使ったHF（ストリート）タイプ。コストパフォーマンスも良好。フロント用

キタコ　¥4,070

SBSブレーキパッド 700シリーズ

シンターメタル材を使ったHS（ストリートエクセル）タイプはストリート走行とスポーツ走行を両立した標準モデル。フロント用

キタコ　¥4,620

SBSブレーキパッド 700シリーズ

エポシンターメタル材を使用したSPタイプは、HSタイプを上回るハイグレードモデルで耐久性を確保しつつ高い制動力を持つ。フロント用

キタコ　¥5,280

SBSブレーキパッド 700シリーズ

耐久ロードレース用に開発されたDCタイプのパッド。制動性能のすべてを向上しつつ高寿命を実現している。フロント用

キタコ　¥6,380

SBSブレーキパッド 700シリーズ

新シンター素材DS-1を採用したことでタッチ、フェード抑制、耐摩耗性、性能の持続性のすべてを向上。フロント用

キタコ　¥16,280

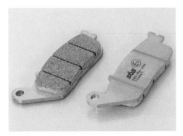

SBSブレーキパッド 700シリーズ

レーシングシンター（RST）タイプ。制動性能、耐摩耗性はハイレベルで優れた初期制動の食い付きが特徴。フロント用

キタコ　¥6,820

SBSブレーキパッド　881シリーズ

コストパフォーマンスに優れたストリート専用パッド、HF（ストリート）タイプ。扱いやすく制動力も高い。リア用

キタコ　¥3,960

SBSブレーキパッド　881シリーズ

ロードレース用に開発された高いコントロール性を持ちつつローラー素材を問わない安定性が魅力のRQ（カーボン材）タイプ。リア用

キタコ　¥6,050

ブレーキホース

アルミまたはステンレスフィッティングを使ったBUILD A LINE ブレーキホース。ダイレクトなブレーキタッチを得られる

アクティブ　¥8,470～25,410

ブレーキホース

'17～'19モデルのABS無し車に対応するAC-PERFORMANCE LINEのブレーキホース。フロント、リア用の各色あり

アクティブ　¥6,050

SWAGE-LINE PRO

独自開発専用パーツを採用しABSに対応した'20年以降のモデル用ブレーキホース。フィッティングは3タイプをラインアップする

プロト　¥29,700/35,640

SWAGE-LINE PRO

ステンレス、ステンレスブラック、レッド/ブルーのフィッティングから選べるリア用ブレーキホース。'20年式以降に対応

プロト　¥25,300/30,360

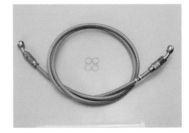

SURE SYSTEM LINE

スエージング式カシメを採用したメッシュホース。フィッティングはステンレス。'19年式までに対応するフロント用

ハリケーン　¥9,240

SURE SYSTEM LINE

フィッティングとメッシュホースとの接合部をスエージング式カシメとした長さ105cmのホース。'19年式までに対応する

ハリケーン　¥11,440

ブレーキホースジョイント

ブレーキホース交換が容易でない ABS 付き車両に便利な、ノーマルホースと連結して 150mm 延長するジョイント

ハリケーン　¥10,450

F キャリパーサポート ブレンボ 4P 用

ブレーキ強化の定番、ブレンボ 4ポッドキャリパー装着に必要なサポートキット。アルミ削り出しの高級感あるデザインとブラック、またはシルバーのアルマイト加工の色合いが愛車の魅力を引き出す

オーヴァーレーシングプロジェクツ　¥14,520

R キャリパーサポート ブレンボ 2P 用

ブレンボ 2ポッドキャリパーをマウントするという機能はもちろんのこと、その造形美が生み出すビジュアル面での効果により、高いカスタム効果が得られるアイテム。カラーはブラックとシルバー

オーヴァーレーシングプロジェクツ　¥14,520

マスターシリンダーキャップ ラージ

ブレーキ周りに彩りを加えるフロントリザーバータンク用キャップ。カラーはチタンゴールド、ブラック、シルバー

モリワキエンジニアリング　¥4,950

マスターシリンダーキャップ ミディアム

リアのブレーキマスターシリンダーリリーバータンク用のアルミ削り出しキャップ。シルバー、チタンゴールド、ブラックの 3 タイプ

モリワキエンジニアリング　¥3,850

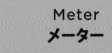

Meter
メーター

運転中、常に目に入るメーター。それだけにカスタムした時の実感・満足感は非常に高い。だからこそ後悔のない選択をしたい。

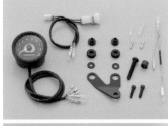

VELONA タコメーターキット

'19年式までのモデルに対応した、9,000rpm スケール、φ60mm メーターを使ったタコメーターキット

デイトナ　¥20,350

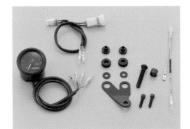

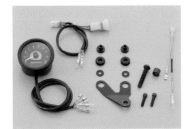

VELONA タコメーターキット

φ48mm のシンプルな文字盤が魅力のタコメーターキット。'20年以降のモデルに対応し、常用回転域で見やすい 9,000rpm スケール

デイトナ　¥18,700

VELONA タコメーターキット

直径 60mm のメーターのキット。9,000rpm スケールで、純正メーター左上にボルトオンで装着できる。'20年以降のモデル用

デイトナ　¥20,350

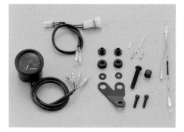

VELONAタコメーターキット

'17〜'19年モデルに適合するタコメーターキット。メーターサイズはφ48mmで常用回転域で見やすい9,000rpmスケールを採用

デイトナ　¥18,700

φ48スモールDNタコメーターキット オレンジLED仕様

16,000rpmスケールのタコメーターで、オレンジ色のLED部はエンジン稼働時間、最高温度/速度記録機能、温度計、時計が表示可能

スペシャルパーツ武川　¥26,400

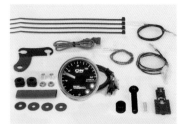

φ48スモールDNタコメーターキット

純正ハンドル対応ステーが付いた耐震性、正確性に優れたタコメーター。12,500rpmスケールで、レブインジケーター機能付き

スペシャルパーツ武川　¥25,300

φ48スモールDNタコメーターキット

オレンジLED仕様と同じ機能を持つホワイトLED付きタコメーターで、回転数は12,500rpmスケールとなる

スペシャルパーツ武川　¥26,400

シフトポジションインジケーター車種専用キット

'17〜'19年モデル用の、現在のシフト位置が分かるインジケーターを取り付けるキット。カプラーオンで簡単取り付けが可能

プロテック　¥15,700

メーターステー

同社製ドラッグポストの取り付け時に必要なノーマルメーター移動用のステー。スチール製でブラック塗装で仕上げてある

ハリケーン　¥2,860

メーター移設キット

純正メーターをタンク左側に移設することで、ハンドル周りをスッキリさせる。専用ハンドルアッパークランプ付属

プロト　¥12,100

メーターステー

セパレートハンドルを装着しハンドルポストを外した時に最適なメーターステー。ノーマルメーターに対応する。スチール製ブラック塗装仕上げ

ハリケーン　¥6,930

メーターリングカバー
'20年式以降のモデルに対応する、メーターをドレスアップするカバー。カラーは写真のブラスのほかにクロームメッキがある
キジマ ¥5,280/5,500

Foot peg
ステップ

ハンドルとともにポジション作りの要であるステップ。どのポジションがベストかは個人差が大きいので、設定値をよく確認すること。

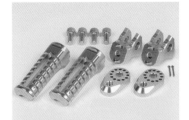

アジャスタブルステップ
7つのポジションに変更できるアルミ削り出し製のステップキット。ノーマル同様の可倒式とし滑り止め形状にも工夫された高機能ステップ
スペシャルパーツ武川 ¥18,480

ビレットワイドステップキット
オール削り出しのワイドアルミステップキットで、ノーマルステップと交換して取り付ける。広い踏面と多数の爪を持つため、滑り止め効果は抜群。ノーマルステップ用ラバー取付可能
スペシャルパーツ武川 ¥19,580

フットペグ ローレット フロント
直径45mmという存在感満点のアルミ削り出しフットペグ。クセのないデザインで、多くのスタイルにマッチする
ハリケーン ¥10,340

バックステップ4ポジション
スポーティなポジションを実現する4ポジションタイプのバックステップ。セパハンとの組み合わせで積極的なコーナリングが可能に。写真のシルバーのほか、ブラックモデルも用意されている
オーヴァーレーシングプロジェクツ ¥68,970/70,180

フォワードコントロールステップ 4P
ステップを前方にすることで、信号待ちや押し引きの際にステップが気にならず扱いやすさがアップ。ステップ位置は4ヵ所から選択可能。カラーはシルバーとブラック
オーヴァーレーシングプロジェクツ ¥82,280/84,700

フットペグ ローレット リア
アルミ削り出しブラックアルマイト仕上げの可倒式リアフットペグ。外径30mm、ステップ部の長さ65mm
ハリケーン ¥9,240

シフトペグ TYPE II

純正シフトペダルに彩りを加えるスチール削り出しクロームメッキ仕上げのシフトペグ。外径φ24mm、全長51mm

ハリケーン　¥3,300

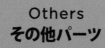

Others
その他パーツ

これまでのジャンル分けにあてはまらないパーツを紹介していく。利便性に関係する部品も多数あるので、見逃しは厳禁だ。

かんたん! 電源取出しハーネス

'20年式以降のレブル250専用に設計された、メーターハーネスから+と-の電源を取り出せるハーネス

デイトナ　¥1,210

かんたん!電源取り出しハーネス

カプラーオンで+と-の配線を取り出せるハーネス。こちらはシート下のライセンスランプカプラーに接続する。'20年以降のモデル用

デイトナ　¥1,705

かんたん!電源取り出しハーネス

スマートフォンなどの給電に便利なアイテム。専用設計、わかりやすい説明書付きで初心者でも安心して取り付けできる。～'19モデル用

デイトナ　¥1,320

電源取り出しハーネス

モバイル機器への給電に便利な、アクセサリー電源を取り出せるハーネス。リアブレーキスイッチ2Pカプラーに取り付ける

キタコ　¥1,320

電源取り出しハーネス

オプション4Pカプラーに接続することでアクセサリー電源(+)とバッテリー電源(+)を取り出せる。'19年までのモデルに対応

キタコ　¥1,100

電源取り出しハーネス

オプション2Pカプラーに接続し、+と-の電源を簡単に取り出せるハーネス。'19年式までのモデル用なので注意

キタコ　¥1,320

OBDアダプター

汎用ODB2故障診断スキャナーをODB対応となった'20年式以降のモデルに装着するためのアダプター

キタコ　¥3,300

バイク用USB電源 2ポート

同時出力合計DC5V/4Aのソケット本体とパイプクランプのセット。防水キャップで埃や水の侵入を防止(雨天時の使用は不可)

アルキャンハンス　¥4,180

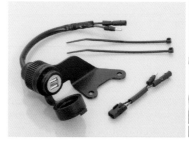

USB電源KIT

モバイル電源として最適な2ポートタイプのUSB電源と専用ハーネスを組み合わせたキット。最大出力はDC5V、2,000mA(1ポート使用時)。全年式対応

キタコ　¥4,840

スポーツカムシャフト

装着するだけで中高回転域の出力性能が向上。純正車両に装着するだけなら、インジェクションコントローラーは不要
スペシャルパーツ武川　¥54,780

ジェネレータープラグセット

アルミ削り出し製のサービスホールキャップとタイミングホールキャップのセット。Oリング付属で黒、赤、銀の3カラーからチョイス可能
スペシャルパーツ武川　¥5,170

オイルフィラーキャップ

クラウンタイプ・チタンゴールド、クラウンタイプ・ブラック、クラシックタイプ・シルバーの3タイプ。アルミ削り出し製
モリワキエンジニアリング　¥3,850

オイルフィラーキャップ

シルバー、レッド、ブラックから選べるアルミ削り出しのオイルフィラーキャップ。緩み防止用のワイヤーロックホールが設けられている
スペシャルパーツ武川　¥2,750

マグネット付きドレンボルト

強力なマグネットでエンジンオイル内の鉄粉を吸着。同社製スティック温度センサー用差し込み穴付き。カラーは青、赤、黒、銀の4種
スペシャルパーツ武川　¥2,200

アルミドレンボルト

軽量高強度アルミ合金で作られたドレンボルト。ドレスアップ効果も高いアルマイト仕上げ。先端には鉄粉を吸着する磁石付き
キタコ　¥1,320

オイル交換フルSET

オイルフィルター交換時に必要となるオイルエレメント、ドレンワッシャー、ガスケット、フィラーキャップOリングのセット
キタコ　¥1,540

オイルエレメント

ホンダ純正品番 15410 KYJ 001、15410 KYJ-902と同等のオイルエレメント。オイル交換時の必需品だ
キタコ　¥770

Oリング

オイルフィラーキャップに装着されているOリングの補修部品。純正と同じサイズで、オイル漏れが見られたら交換したい
キタコ　¥264

汎用リフレクターキット

テールランプカスタム等で純正リフレクターを撤去した時に。平織りカーボン製と綾織カーボン製をラインナップ
TCW　¥5,280/5,500

HA5794　　HA5793

リフレクターW122　　リフレクターW97

ナンバーベース&リフレクター

アルミ製ナンバープレートベースにリフレクターをドッキング。リフレクターの幅はW122は122mm、W97は97mmとなる
ハリケーン　¥2,970/3,080

リフレクター

フェンダーレスキット装着等で純正リフレクターを取り外した時に便利なナンバープレート共締めのリフレクター
ハリケーン　¥1,650

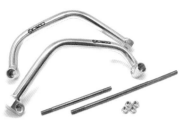

サブフレーム

車体の剛性バランスを保ち、コーナーやブレーキ時の挙動を安定させるアイテム。車体中央に取り付けるのでルックス面での効果も高い。写真のバフ仕上げのほか、マットブラック仕様も選べる

アクティブ　¥44,000/60,500

パフォーマンスダンパー

共振を抑えることで乗り心地とハンドリングを向上する、特に長距離移動で効果を発揮する車体制振ダンパー

アクティブ　¥38,500

ドラレコカメラステー　フォーククランプタイプ

ドライブレコーダーのカメラをフロントフォークに取り付けるステー。保護シートが付属していてフロンフォトークの傷付きを防止。レブルにはフォーク径40〜45mmに対応した品番DRS012が対応

プロト　¥1,980

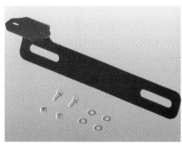

ドラレコカメラステー ナンバー左上マウントタイプ

近年装着率が加速度的に増えているドライブレコーダー。そのリア用カメラをナンバープレート左上に取り付けるステー。ミツバサンコーワEDR-11/21/21G、キジマ 1080J/AD720にジャストフィット

プロト　¥1,430

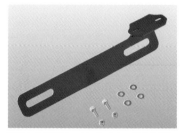

ドラレコカメラステー ナンバー右上マウントタイプ

ナンバープレートと共締めして取り付けるドライブレコーダー用カメラステー。長穴加工され左右位置を約25mm幅で調整できる

プロト　¥1,430

スピードメーターコントローラー

タイヤのサイズやスプロケット丁数変更で不正確になる速度表示を補正するためのコントローラー。加工無しで取り付けが可能

スペシャルパーツ武川　¥20,350

サイドスタンドフラットフット

サイドスタンドの接地面積を拡大し、より安定した駐車を実現。上部のカラーは写真のブラックのほか、ライトゴールドとレッドが選択可能

プロト　¥7,260

スタンドバイトブラケット

駐車時の車体の傾きが抑えられ扱いやすさを向上。また不整地でのめり込みも防止する。カラーはブラック、クリア、クラシックゴールド

アールズ・ギア　¥6,050

ETCケース＋ステーセット

内寸幅130mm、高さ92mmの汎用ETCケースとその取付ステーのセットで、ミラー共締めのアンテナステーが付属。写真左はMITSUBA MSC-BE700Eの装着例で、ETC本体は付属しない

エンデュランス　¥13,970

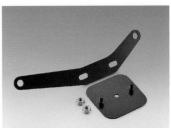

ETCステー

日本無線製 JRM-11/21やミツバサンコーワ製 MSC-BE51/51W/61/61W/BE700E/S を収納した別売のETC レザーケースを、リアフェンダー脇へ装着するためのステー

キジマ　¥3,300

ETCアンテナステー Dタイプ

いざ取り付けようとすると意外と困るETCのアンテナを、確実かつスマートに取り付けられるステー。取り付け例は '20年モデルで、メーター固定ボルトと共締めして固定している

プロト　¥2,090

ヘルメットホルダー

リアショック前方に取り付ける、車体の雰囲気を崩さないヘルメットホルダー。利便性がアップしつつも目立たないので、カスタム派にもおすすめ。鍵2本付属

デイトナ　¥3,850

ヘルメットロック

フレーム等、直径28.6mmのパイプに装着可能なヘルメットロック。サイドバッグ装着時に使用できなくなる純正ロックを補えるアイテム

キジマ　¥3,960

ガソリンボトル&レザーホルダーセット

容量900ccのガソリン携行缶と本革製ホルダーのセット。ホルダーのカラーは写真のタンとブラックがラインナップする

キジマ　¥12,100

タンデムステップスライダー

タンデムステップ一体型のスライダーで、スタイリッシュに転倒ダメージを軽減できる。シルバーとブラックの2カラーを設定

オーヴァーレーシングプロジェクツ　¥26,400

HONDA
ホンダ レブル250 カスタム＆メンテナンス
Rebel250
CUSTOM & MAINTENANCE
2022年10月25日 発行

STAFF

PUBLISHER
高橋清子　Kiyoko Takahashi

EDITOR , WRITER & PHOTOGRAPHER
佐久間則夫　Norio Sakuma

DESIGNER
小島進也　Shinya Kojima

PHOTOGRAPHER
鶴身 健　Ken Tsurumi
梶原 崇　Takashi Kajiwara
柴田雅人　Masato Shibata

ADVERTISING STAFF
西下聡一郎　Soichiro Nishishita

PRINTING
中央精版印刷株式会社

PLANNING, EDITORIAL & PUBLISHING

(株)スタジオ タック クリエイティブ

〒151-0051 東京都渋谷区千駄ヶ谷3-23-10　若松ビル2F
STUDIO TAC CREATIVE CO.,LTD.
2F, 3-23-10, SENDAGAYA SHIBUYA-KU, TOKYO 151-0051 JAPAN
[企画・編集・デザイン・広告進行]
Telephone 03-5474-6200　Facsimile 03-5474-6202
[販売・営業]
Telephone 03-5474-6213　Facsimile 03-5474-6202

URL https://www.studio-tac.jp
E-mail stc@fd5.so-net.ne.jp

警 告

■ この本は、習熟者の知識や作業、技術をもとに、編集時に読者に役立つと判断した内容を記事として再構成し掲載しています。そのため、あらゆる人が作業を成功させることを保証するものではありません。よって、出版する当社、株式会社スタジオ タック クリエイティブ、および取材先各社では作業の結果や安全性を一切保証できません。また作業により、物的損害や傷害の可能性があります。その作業上において発生した物的損害や傷害について、当社では一切の責任を負いかねます。すべての作業におけるリスクは、作業を行なうご本人に負っていただくことになりますので、充分にご注意ください。

■ 使用する物に改変を加えたり、使用説明書等と異なる使い方をした場合には不具合が生じ、事故等の原因になることも考えられます。メーカーが推奨していない使用方法を行なった場合、保証やPL法の対象外になります。

■ 本書は、2022年8月時点の情報を元にして編集されています。そのため、本書で掲載している商品やサービスの名称、仕様、価格などは、製造メーカーにより、予告無く変更される可能性がありますので、充分にご注意ください。

■ 写真や内容が一部実物と異なる場合があります。